寻茶记

（升级版）

LOOKING FOR TEA

get it 轻知

艺美生活——编著

中国轻工业出版社

图书在版编目（CIP）数据

寻茶记：升级版 / 艺美生活编著．—北京：中国轻工业出版社，2024.4

ISBN 978-7-5184-4881-4

Ⅰ．①寻… Ⅱ．①艺… Ⅲ．①茶文化—中国 Ⅳ．①TS971.21

中国国家版本馆 CIP 数据核字（2024）第 033212 号

责任编辑：付 佳　　责任终审：劳国强
设计制作：锋尚设计　　责任校对：吴大朋　　责任监印：张京华

出版发行：中国轻工业出版社（北京鲁谷东街5号，邮编：100040）
印　　刷：北京博海升彩色印刷有限公司
经　　销：各地新华书店
版　　次：2024年4月第1版第1次印刷
开　　本：720×1000　1/16　印张：14　插页：1
字　　数：180千字
书　　号：ISBN 978-7-5184-4881-4　定价：49.80元
邮购电话：010-85119873
发行电话：010-85119832　010-85119912
网　　址：http://www.chlip.com.cn
Email：club@chlip.com.cn

232046S1X101ZBW

前言

Preface

茶可以喝、可以吃、可以防病、可以解渴，同时它能愉悦精神、启迪人生。

茶的故事一定要从云南省讲起，那里是茶的故乡、茶的发源地，那里的古茶树至今仍然矗立在云南的广袤森林中，神秘而神奇。经过数千年的演变，茶叶的种子已经遍布全国，让越来越多的人因为茶而获得财富，越来越多的人品到好茶。

本书汇总了中国各地的产茶区、名茶及冲泡过程，如详细介绍了乌龙茶的集中地福建省安溪县，出产世界级红茶的安徽省黄山市……内容包括各茶区的产茶历史、产茶条件、当地茶区、著名茶品等，在每一章节的最后还有茶叶的冲泡方法介绍，让读者朋友在学习专业知识的同时还能练就一手好茶艺。

Chapter 01
依山傍水安溪茶

Chapter 02
奇秀武夷山　茗茶甘香醇

目录

Contents

Chapter 03
潮汕人的工夫茶

Chapter 04
宝岛全境皆产茶

Chapter 05
“遗失”的湖南茶

Chapter 06
欲把西湖比西子
从来佳茗似佳人

Chapter 07
黄山归来品香茗

Chapter 08
名茶之乡宣城行

Chapter 09
三省名茶齐聚一山

Chapter 10
北国夜无雪　隐隐绿茶香

Chapter 11
禅茶合一的峨眉山茶

Chapter 12
扬子江中水　蒙顶山上茶

Chapter 13
客来茶当酒　云南名茶香

Chapter 01

依山傍水 安溪茶

想要了解茶吗？来福建省安溪县吧，在这里可以感受最质朴的茶香，连其茶水都蕴含着深厚的茶文化意蕴。现在，跟随我们一同走进安溪茶吧。

安溪大观园

安溪县素以农业为主。境内山多地少，有“八山一水一分田”之说。有茶叶种植的良好环境，全县茶叶产量丰富

福建省安溪县是我国著名的“国家级园林县城”，素有“龙凤名区”之美誉，全县拥有多处各级文物保护单位，其中以清水岩、文庙、城隍庙最为著名。

福建省安溪县以茶业闻名全中国，号称“中国茶都”，是中国乌龙茶之乡、世界名茶铁观音的发源地，位居中国重点产茶县第一位。安溪铁观音，名扬四海，香溢五洲，已成为中国茶叶第一品牌，也是福建省一张靓丽的名片。

安溪的产茶条件

安溪县还是“世界藤铁工艺之都”，工艺品畅销世界50多个国家和地区。1985年被国家批准为首批沿海对外开放县之一，并连续多年名列“中国百强县”。

福建省安溪县高海拔茶区

安溪的产茶条件

福建省安溪县产茶地点有低海拔和高海拔之分，低海拔产茶丰富的原因很大一部分是由自然条件决定的。

低海拔地区一年四季气候温和，日照短，昼夜温差较大，连绵不绝的山上常年云雾缭绕，并且雨量充沛，所以土壤理化性质好，腐殖质含量较多，土层深厚。同时安溪县多为山地棕壤，质地为砂质土壤，表层有机质含量较多，矿物质营养丰富，这样的气候和土壤环境非常适宜茶树生长。

高海拔茶区具有独特的生态环境，特别有利于鲜叶中含氮化合物和某些芳香物质的形成，其茶氨酸含量较高，而苦涩味较重的茶多酚含量较低。此外，海拔较高的茶区，茶树纤维素合成速度较为缓慢，鲜叶的持嫩性增强，因此为优质茶品质的形成奠定了基础。且高海拔茶区地处深山，大都以茶为产业，整个生态环境非常优越。

祥华乡

一乡十茶王

祥华乡拥有独特的自然条件。这里的茶叶技术精湛且独树一帜。祥华乡的铁观音无论是质量还是产量，都独占鳌头。

祥华乡是茶叶名乡，这里的巅峰时期曾涌现出十位制茶能手，均获得过铁观音茶王赛金奖，造就了“一乡十茶王”的盛况。

西坪镇

茶叶原乡和茶企原乡

西坪镇2002年被称为“中国铁观音发源地”，是茶叶的原乡，拥有优质的铁观音栽培生长条件。这里的劳动人民以茶为生、以茶为业。

西坪镇也是茶企的原乡，这里的茶叶品牌数不胜数，如日春、八马茶业等，均源自这里。

安溪县

中国茶都

安溪县是中国著名的茶都，该地以生产铁观音闻名，安溪铁观音远销海内外。

茶文化

安溪人迎来送往、婚嫁寿诞，都少不了茶礼，“来吃茶”是茶乡最家常的一句话，茶的灵性流露在安溪人的举手投足之间。

茶之旅

到安溪县最重要的就是寻茶之旅了，每个到安溪县的人都会细细品味茶的甘醇，同时带上茶礼送给亲朋好友。

感德镇

养生茶饮

观音菊花茶

材　　料：铁观音3克，干菊花5克，白糖适量。

做　　法：将铁观音、干菊花放入杯中，用沸水泡3～5分钟，调入白糖即可。

养生功效：清热解毒，明目安神。

中国茶叶第一镇

感德镇有“以德感化”之意，从古至今，感德镇就以“感恩尚德”著称。

感德镇气候湿润，土壤十分适宜茶叶生长，是安溪铁观音的核心产区，这里的茶叶远销海内外，茶产品在30多个国家和地区销售。

在2010年，感德镇以“生长环境最优越、茶叶科技最普及、茶叶制作技术最精湛、茶叶技师最多、茶叶质量最优、茶园产量最高、茶叶交易市场最活跃、茶农收入最高、茶企品牌最多、茶文化底蕴最深厚”等十大优势，在全国产茶乡镇中脱颖而出，荣获“中国茶叶第一镇”的美誉。

西坪茶汤色金黄，色泽亮丽

西坪茶品质特征

由于特殊的地理气候条件，以及当地茶农秉承的传统茶叶制法，形成了西坪茶的品质特征。其特征主要体现在三个方面：一是浓郁中带点微香的茶汤，茶汤色泽亮丽，带有金黄色；二是观音韵明显，入口后有爽明之感；三是香气清幽，汤香不浓烈，但悠长不绝。

西坪茶鉴别方法

西坪茶的鉴别方法主要从品质特征入手。可以多取几种茶叶一同冲泡，然后比较。汤色亮丽带有金黄色，且连续冲泡几次，茶汤浓度基本保持不变的为西坪茶。还可以从香气入手，冲泡时，闻其香，如果香气清幽，没有强烈的浓香感的即为西坪茶。

优质的干茶色泽乌润有光泽

劣质的干茶色泽暗淡无生气

祥华茶品质特征

祥华茶品质特征主要体现在：味正、汤醇、回甘强。因为祥华茶产区环境多为高山浓雾，加上茶叶制法传统，所以产的茶叶品质独树一帜。

祥华茶鉴别方法

祥华茶鉴别方法较为简单：首先细细品味茶汤回甘是否持久；其次观察茶汤，茶汤浓稠、无异味的为祥华茶。

感德茶品质特征

感德茶是近几年才兴起的，又被称为“改革茶”“市场路线茶”等，颇受大众欢迎，其最大品质特征为茶香浓厚。

感德茶鉴别方法

鉴别感德茶时可以闻其香，用闻香杯闻香，香气浓郁高长。还可以观其汤色，感德茶第一、第二泡汤色清淡，第三泡后汤色呈黄绿色。

安溪名茶介绍

安溪县因气候和土壤环境，造就了很多家喻户晓的名茶

《清水岩志》中记载：“清水高峰，出云吐雾，寺僧植茶，饱山岚之气，沐日月之精，得烟霞之靄，食之能疗百病。老寮（liáo）等属人家，清香之味不及也。鬼空口有宋植二、三株其味尤香，其功益大，饮之不觉两腋风生，倘遇陆羽，将以补茶话焉。”福建安溪县在宋元时期，茶叶产地就遍布全县。安溪茶叶还通过“海上丝绸之路”走向世界，畅销海外。

清代初期，福建省安溪县的茶业开始迅速发展，当地相继出现了黄金桂、本山茶、毛蟹茶等一大批优良茶树品种。这些品种的出现，使得安溪茶业进入鼎盛阶段。

黄金桂具有“一早二香”的独特品质

毛蟹茶内质香气清高

清代名僧释超全曾赋有“溪茶遂仿岩茶制，先炒后焙不争差”的诗句，这说明清代已有安溪茶的生产，且安溪茶农已创制了青茶（乌龙茶）。

青茶采制工艺的诞生，是对我国传统制茶工艺的又一重大革新。青茶以其独特的韵味和超群的品质受到了市场的青睐。

安溪县自然环境得天独厚，茶树资源十分丰富，现已收集的茶树品种达50余种，被誉为“茶树良种宝库”。

安溪县四大名茶分别为铁观音、黄金桂、本山茶、毛蟹茶。

铁观音原产于安溪县西坪镇，是青茶中的极品。其条索紧结沉重，茶汤金黄明亮，香气馥郁。

黄金桂原产于安溪县虎邱镇美庄村，是青茶中风格有别于铁观音的又一极品，具有“一早二香”的独特品质，为全国名茶。相传清代咸丰年间，安溪县罗岩村茶农去探亲，回来时带回两株奇异的茶树，经过采制后请邻居品尝。此茶奇香扑鼻，众人赞其为“透天香”，并取名黄金桂，流传至今。

本山茶原产于安溪县西坪镇，1937年庄灿彰《安溪茶业调查》中记载：“此种茶发现于60年前（约1870年），发现者名圆醒，今号其种曰圆醒种，另名本山种，盖尧阳人指为尧阳山所产者。”本山茶与铁观音为近亲，但生长势态与适应性均比铁观音强，品质好的成茶与铁观音相似。

毛蟹茶原产于安溪县大坪乡，因其茶树的适应性广、抗逆性强、易于栽培，所以产量高。毛蟹茶外形条索紧结，嫩叶尾部多白毫，内质香气清高。

铁观音

采收地点： 以西坪镇为主，其他茶区也有采收。

采摘时间： 一年分四季采制，谷雨至立夏为春茶；夏至至小暑为夏茶；立秋至处暑为暑茶；秋分至寒露为秋茶。品质以春茶为最好；秋茶次之，其香气特高，俗称秋香，但汤味较薄；夏茶品质较次。

采摘标准： 鲜叶采摘标准必须在嫩梢形成驻芽后，顶叶刚开展呈小开面或中开面时，采下一芽二、三叶。采时要做到“五不”，即不折断叶片，不折叠叶张，不碰碎叶尖，不带单片（单个叶片），不带鱼叶（发育不完全的真叶）和老梗。生长地带不同的茶树鲜叶要分开，特别是早青、午青、晚青（早、中、晚采摘下来的鲜叶）要严格分开制茶，以午青品质为最优。

制作工艺： 经过凉青、晒青、做青、炒青、揉捻、初焙、复焙、复包揉、小火慢烤、拣簸等工序精制而成。

香茗品质： 清香型铁观音口感比较清淡、舌尖略带微甜，偏向现代工艺制法，目前在市场上的占有量最多。其颜色翠绿，茶汤清澈，香气馥郁，花香明显，口味醇正。

小提示

铁观音的滋味与冲泡时间息息相关，如苦涩度会随着时间的增长从弱变强再变弱，所以冲泡前一定要先了解铁观音品质特征再冲泡。

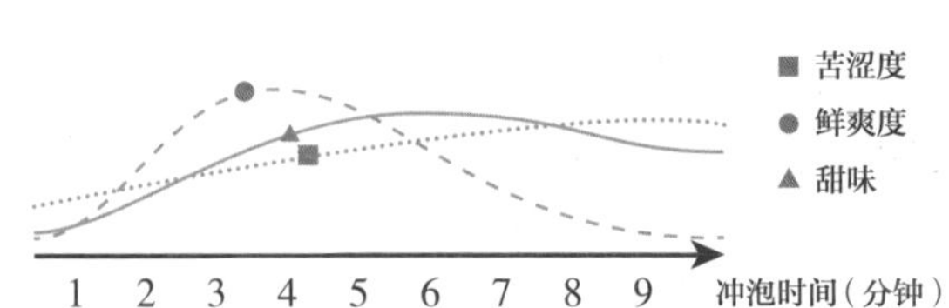

随着冲泡时间的增长，茶叶内的苦涩度、鲜爽度、甜味会发生变化，在3~5分钟时鲜爽度、甜味达到最高值。根据个人喜好可选择在最高值前饮用，此时苦涩度较低，而鲜爽度、甜度高。

铁观音的香型

铁观音的香型可以分为五种，分别是清香型、浓香型、炭焙型、鲜香型和韵香型。

浓香型铁观音

清香型：“清汤绿水”的清香型铁观音最具代表性，也是最受消费者喜爱的香型，符合市场口感。清香型铁观音在轻发酵时要求焙火较轻，茶叶中的水分保留较多。强调干茶叶色翠绿，香气明显且高纯，冲泡后清汤绿水，口感清淡。清香型铁观音适合日常冲泡，一般可冲泡6～7次。

浓香型：浓香型铁观音属于传统的半发酵茶，其焙火较重，具有传统的浓香。浓香型铁观音的口感较重，干茶外形色泽上轻黑，冲泡后香气浓，茶汤浓。浓香型铁观音因为口感重，适合资深的茶友饮用。一般可以冲泡8～9次。

炭焙型：炭焙型铁观音比浓香型铁观音在焙火上又重了一个级别，是在其基础上再次进行5～12小时烘焙。炭焙型铁观音带有强烈的火香味，茶汤颜色深黄，口感顺滑。炭焙型铁观音的口感和香气更符合资深茶友的喜好，一般人接受程度不高。

鲜香型：鲜香型铁观音属于流行的轻发酵茶，适合刚接触铁观音的消费者饮用。鲜香型铁观音在发酵时，也要求焙火较轻，茶叶中的水分较大程度地保留，强调干茶颜色翠绿，捧在手中要有一股鲜香味，冲泡后清汤绿水，香高味醇，并极具欣赏价值。鲜香型铁观音适合大众日常饮用，一般可以冲泡6～7次。

韵香型：韵香型铁观音是介于浓香型和清香型之间新推出的铁观音品类，在传统铁观音的基础上加10小时左右的焙火，既能增加香气，又能提高滋味的醇度，其结合了清香型铁观音的香气和浓香型铁观音的醇和耐泡。韵香型铁观音都经过精细挑选，茶叶发酵充足，具有传统的“浓、韵、润、特”的口味，且香气高，回甘明显，观音韵足。现韵香型铁观音越来越受到茶友的喜爱，“重口”的茶友更喜饮用。一般可以冲泡7～8次。

铁观音的“观音韵”

“观音韵”是铁观音特有的一种品质特征，它因品茶人的感受不同而不同，只可意会，不可言传。

观音韵首先是从闻香开始，有盖香、杯香、汤香和叶底香，有“如梅似兰”的香气，这种香气能穿透人的五脏六腑，流入每个细胞中，让人感受到铁观音香气的“雅”。

其次是在品滋味上，铁观音从入口到喉底，有一种平淡而又神秘的味道。

最后是铁观音的回甘，铁观音的回甘与其他品种不同，其回甘带有“气”的感觉，这种特有的“气”会停留在喉咙与鼻孔之间持久不散。

安溪县当地人品饮铁观音，以有观音韵来评价铁观音的好坏。如果观音韵很重，则说明特性明显，是好茶；如果观音韵淡，则说明特性不明显，不是好茶。

黄金桂

采收地点：以安溪县虎邱镇为主。

采摘时间：一般在4月中旬采制，比一般品种早十余天，比铁观音早近20天。

制作工艺：经采摘、晒青、静置、摇青、杀青、整形包揉、揉捻等工序。

香茗品质：外形“黄、匀、细”，肉质“香、奇、鲜”。

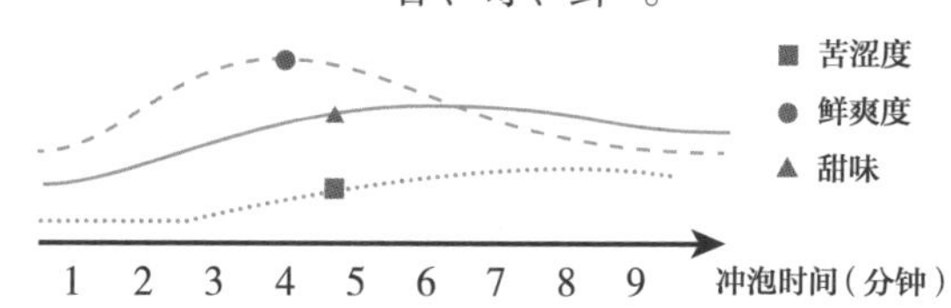

本山茶

采收地点：以安溪县西坪镇为主。

采摘时间：晴天的中午较佳，阴雨天不采。

制作工艺：经加温萎凋、杀青、揉捻、干燥等工序。

香茗品质：外形条索壮实沉重，较细瘦，色泽鲜润，香气呈香蕉皮香，汤色橙黄，滋味清醇略浓厚，叶底黄绿。

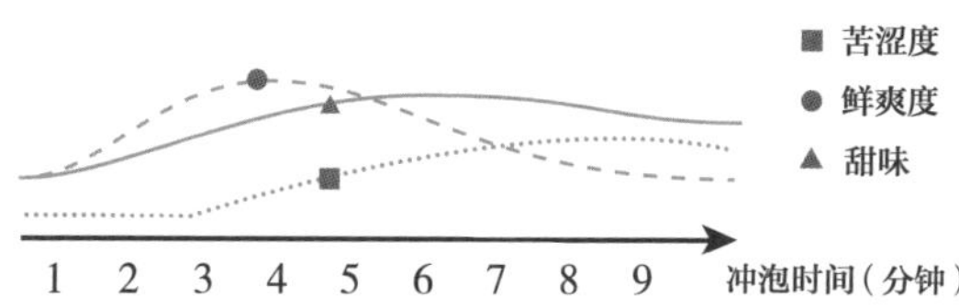

毛蟹茶

采收地点：以安溪县福美大丘仑为主。

采摘时间：以中午12时至下午3时前较佳。

采摘标准：鲜叶采摘标准为一芽二、三叶，在茶树嫩梢形成驻芽后，顶叶刚开展呈小开面或中开面时采摘。

制作工艺：经采摘、萎凋、炒青、揉捻、干燥、紧压等工序。

香茗品质：外形紧密、呈砂绿色，颗粒手感好、均匀，汤色红浓、通透明亮，香气清高，滋味顺滑醇厚，叶底柔软、肥嫩、有弹性。

小提示

毛蟹茶是色种茶之一。色种茶是指除做成铁观音等较为优质的乌龙茶之外的茶树品种做成的茶叶。其与铁观音的区别在叶底上，铁观音的叶底凹凸不平，而毛蟹茶则表面平整。

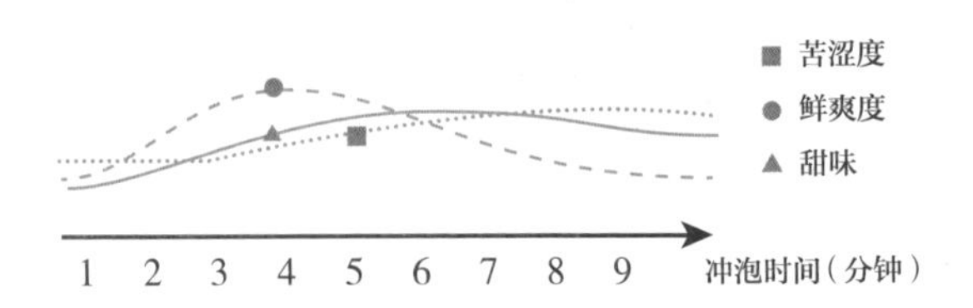

安溪名茶冲泡指南

安溪式泡法，重香，重甘，重醇。茶汤九泡为限，每三泡为一阶段。第一阶段闻其香气是否高，第二阶段尝其滋味是否醇，第三阶段观其颜色是否有变化

铁观音冲泡演示

1	2	3	4
5	6	7	8

1/ 备器：准备冲泡过程中所需茶具。

2/ 赏茶：取适量铁观音干茶置于茶荷，欣赏其外形、色泽。

3/ 注水：向盖碗中注入适量沸水。

4/ 荡碗：利用手腕力量摇荡杯身，使其内壁充分预热。

5/ 弃水：荡碗过后即可将水弃入水盂中。

6/ 投茶：将茶荷中的铁观音用茶匙缓缓拨入盖碗中。

7/ 注水：将95～100℃的水加入盖碗，没过茶叶即可。

8/ 温盅：注水后迅速将水倒入茶盅中。

9 | 10 | 11
12 | 13 | 14

9/ **注水**：再次注95～100℃的水浸泡茶叶。

10/ **温闻香杯**：将茶盅内的水低斟入闻香杯中。

11/ **出汤**：倒尽茶盅内水后即可出汤，即将盖碗内茶汤倒入茶盅中。

12/ **温杯**：将闻香杯中的水倒入对应的品茗杯中。

13/ **弃水**：用茶夹将温杯的水弃入水盂中。

14/ **斟茶**：将茶盅内茶汤分别斟入闻香杯中。

小提示

用茶夹夹闻香杯和品茗杯时，要注意夹的方式，切不可在操作的过程中将闻香杯或品茗杯脱落。如茶夹使用不顺，可以直接用手操作，但用手操作忌碰到杯口。

冲泡技巧

在弃水时，一般会有水渍留在杯底，这时可用茶巾稍加擦拭。

翻杯技巧

首先倒扣，将品茗杯倒扣到闻香杯上；然后举杯，双手拇指按住品茗杯底部，食指和中指夹住闻香杯；最后翻转，利用手腕力量翻转闻香杯和品茗杯。

15 | 16 | 17 | 18

小提示

闻香的过程中，用双手掌心搓揉闻香杯。双手搓揉的温度会使闻香杯中的香气消散得慢一些。闻香时，脸部不动，双手平行移动闻香杯，靠近鼻端，不宜太近也不宜太远。当闻香杯靠近时用力吸气不吐气，移开后再吐气，如此反复两三次即可完成闻香的过程。

15/ 旋转：将品茗杯倒扣在闻香杯上且翻杯后，左手拿捏住品茗杯身，右手拇指和食指用力轻轻旋转出汤。

16/ 闻香：双手掌心搓揉闻香杯闻香。

17/ 看汤色：将品茗杯靠近脸部，观看茶汤色泽。

18/ 品饮：品饮茶汤。

黄金桂冲泡演示

1 2 3 4
5 6 7 8
9

1/ **备器：**准备冲泡过程中所需茶具。

2/ **赏茶：**取适量干茶置于茶荷，欣赏干茶。

3/ **注水：**向盖碗中注入适量沸水。

4/ **荡碗：**利用手腕力量摇荡杯身，使其内壁充分预热。

5/ **弃水：**将温碗的水弃入水盂中。

6/ **投茶：**用茶匙将茶荷内茶叶拨入盖碗中。

7/ **注水：**注入95～100℃的水，以刚好没过茶叶为宜。

8/ **温盅：**注水后迅速将水倒入茶盅内，温盅。

9/ **注水：**将95～100℃的水注入盖碗中，没过茶叶。

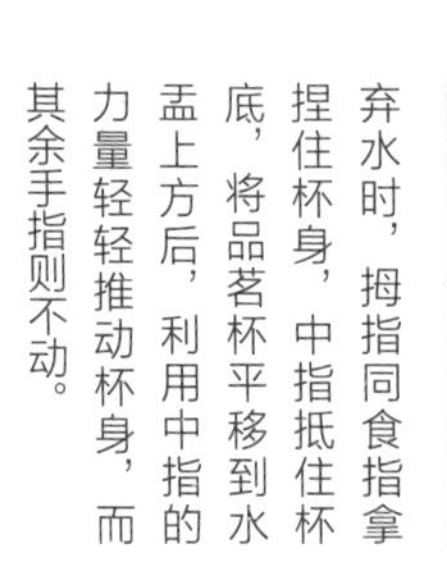

小提示

弃水时，拇指同食指拿捏住杯身，中指抵住杯底，将品茗杯平移到水盂上方后，利用中指的力量轻轻推动杯身，而其余手指则不动。

10	11	12
	13	14

10/ 温杯： 将茶盅内的水分斟入品茗杯中温杯。

11/ 出汤： 将茶盅内的水分斟入杯后，即可将盖碗浸泡的茶汤倒出。

12/ 弃水： 用手或茶夹将温杯的水弃入水盂中。

13/ 斟茶： 将茶盅内茶汤分别斟入品茗杯中。

14/ 品饮： 举杯邀客品饮茶汤。

毛蟹茶冲泡演示

1	2	3	4
5	6	7	8

1/ 赏茶： 将适量毛蟹茶置于茶荷，欣赏其外形、色泽。

2/ 注水： 向壶中注入适量95～100℃的水。

3/ 温壶： 晃动壶身，使壶内壁充分接触到温壶水，一般晃动两三次即可。

4/ 温盅： 将温壶的水通过滤网倒进茶盅中。

5/ 温闻香杯： 将温盅的水低斟进闻香杯中，温闻香杯。

6/ 温杯： 用茶夹夹起温闻香杯后，将水倒进品茗杯中。

7/ 弃水： 温过杯后直接将水弃入水盂中。

8/ 擦拭： 弃水过后，用茶巾将品茗杯上的水渍擦拭干净。

9	10	11
12	13	14

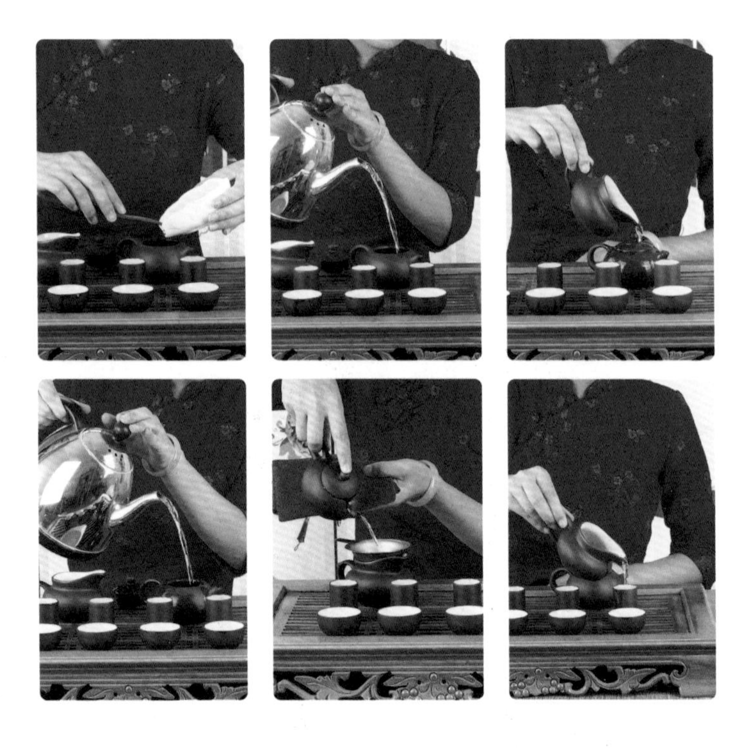

9/ 投茶：将茶荷中茶叶用茶匙缓缓拨入茶壶中。

10/ 注水：投茶过后，提壶注入95～100℃的水，没过茶叶即可。

11/ 出水：注水后，迅速将茶壶内的水倒出，可以用来浇淋紫砂壶。

12/ 注水：再次注入95～100℃的水至满壶。

13/ 出汤：通过滤网将泡好的茶汤倒出。

14/ 斟茶：将茶盅内的茶汤低斟入闻香杯中。

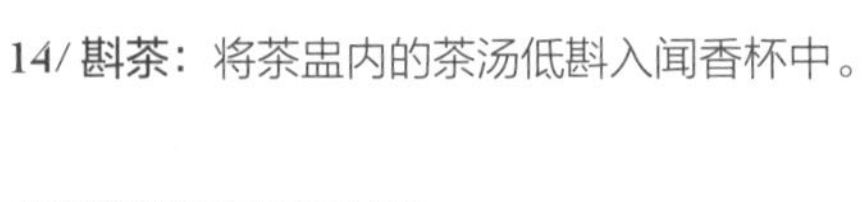

冲泡技巧

出汤前，可用茶巾将茶壶底部的水渍擦拭干净。

小提示

紫砂壶需要养，可用润茶的水浇淋壶身，浇淋时，要让茶汤均匀地淋到壶身上，然后可用养壶笔轻轻刷壶身表面，让紫砂壶能充分吸收茶味。

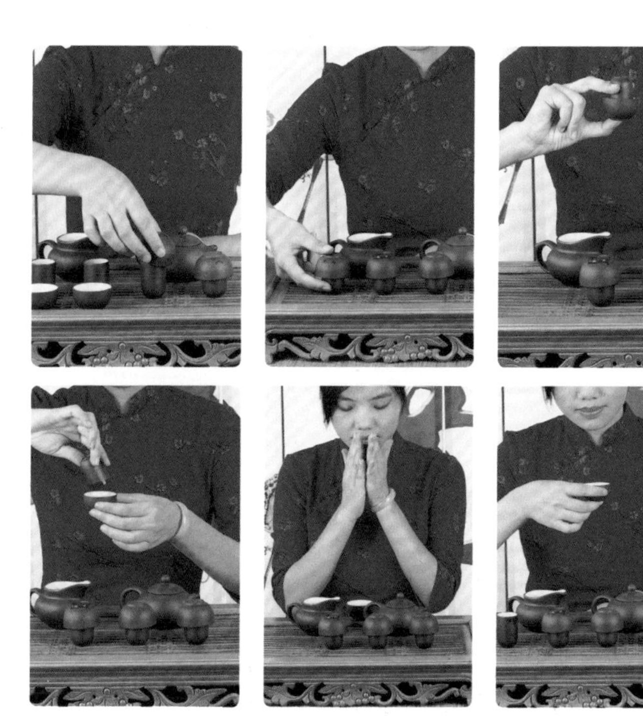

15	16	17
18	19	20

15/ 倒扣： 将对应的品茗杯倒扣到闻香杯中。

16/ 取杯： 拇指按在品茗杯杯底，食指和中指夹住杯身，取杯。

17/ 翻转： 将闻香杯和品茗杯翻转。

18/ 旋转： 左手拿品茗杯，右手拿闻香杯，慢慢旋转将闻香杯取出。

19/ 闻香： 将盛有茶汤的品茗杯先放到一旁，双手搓动闻香杯闻香。

20/ 品饮： 举杯邀客品饮。

小提示

在茶艺表演过程中，出汤的时间可根据个人动作快慢而定，如将茶盅内的水分别斟入品茗杯的时间过长，则可出汤后再弃水，如温杯的动作快，则可以弃水后再出汤。

Chapter 02

奇秀武夷山 茗茶甘香醇

武夷山是福建省第一名山，武夷岩茶更是以其独特的品质冠绝国内外。武夷山不仅有名茶，还是中国著名的旅游胜地，所以到武夷山游玩、品茶两相宜。

武夷山大观园

武夷山位于福建省武夷山市南郊，是我国著名的风景旅游区和避暑胜地，武夷山所产的茶叶享誉海内外

武夷山地区有着适合多种珍稀动植物生长的气候环境，是我国重要的自然保护区。它有着丰富的生态物种群和完整的生物链，同时也是世界生态文化的典范。

武夷山不仅有丰富的自然遗产，还有丰富的文化遗产，由于武夷山独特的地质结构和丰富的地貌类型，考古学家在这里发现了众多的古代文化遗址。

武夷山茶史最早可以追溯到南朝时期（公元420—589年），而最早的文字记载则出现在唐元和年间。武夷山最早的茶名“晚甘喉”。

到了宋代，武夷山茶的名气大增，民国《崇安县新志》记载：“宋时范仲淹、欧阳修、梅圣俞、苏轼、蔡襄、丁谓、刘子翚、朱熹等从而张之，武夷茶遂驰名天下。”

元明时期，武夷山茶开始作为贡茶。元大德六年（公元1302年），朝廷在武夷山九曲溪创设了皇家焙茶局，称之为“御茶园”。御茶园细心栽培、精工制作贡茶，受到皇帝的青睐，使得武夷山茶的影响力日益增大，进一步奠定了武夷山茶的历史地位。

17世纪，武夷山茶开始远销欧美，受到上流社会的喜爱。

武夷山的产茶条件

武夷山区属于典型的亚热带季风气候，有丰富的水资源，气温适中，雨水充沛，土壤属于酸性，富含腐殖质，是茶树生长的佳地。

武夷山区的植被物种非常丰富，而且以矮灌木为主，不仅不会影响茶树营养的吸收，而且这些植株开花产生的清新花香，加上地处峡谷之地，空气湿度大，香味不易散失，形成了茶叶的独特香味。在这样的环境中，茶叶的品质和产量有了根本保证。

大红袍景区

看茶、品茶

大红袍景区位于武夷山风景区的中心部位，这里山峰险峻，怪石林立，深谷幽长，水流不息，动植物物种繁多，还可以近距离欣赏大红袍母株，一年四季均适合游玩。

天游峰

到茶洞中寻迹当地茶

天游峰位于武夷山景区内的五曲隐屏峰后，分上下两部分，一览亭左，则为上天游；有崎岖山丘的沿胡麻涧一带，则为下天游。

当中还有茶洞，据传那里的茶叶品质极佳。

武夷宫

在旅游中品茶

武夷宫位于武夷山大王峰的南麓，前临溪流、背依山峰，为游客的集中地。武夷宫始建于宋代，保存完好，曾数次扩建，是集景观和建筑于一体的旅游景点。

这里的两口龙井、万年宫、三清殿已经开放为旅游景点，还有茶馆、茶楼等旅游服务设施。

养生茶饮

杏仁茶

材　　料：杏仁10颗，武夷岩茶7克。

做　　法：将杏仁去皮，和武夷岩茶一起煎汁即可。

养生功效：温肺止咳。

枸杞红茶

材　　料：红茶4克，枸杞子10克。

做　　法：将红茶与枸杞子一同用沸水冲泡，闷5分钟即可。

养生功效：滋阴补肾。

武夷山

民间斗茶赛

武夷山是当代斗茶的创始之地。2001年，首届武夷山市民间斗茶赛举行，后更名为“海峡两岸民间斗茶赛”。如今，武夷山的民间斗茶赛名气越来越大，参赛者越来越多，含金量也越来越高。

茶诗

年年春自东南来，建溪先暖冰微开。溪边奇茗冠天下，武夷仙人从古栽。

——范仲淹《和章岷从事斗茶歌》

武夷山名茶介绍

武夷山最有名的茶当数武夷岩茶，因茶树生长在岩缝之中而得名，具有绿茶之清香，红茶之甘醇，是中国青茶中的极品

武夷山名茶

奇秀的武夷山出产了很多名茶，如天价的大红袍，桐木关的“世界红茶鼻祖”——正山小种，“填补红茶高端市场空白”的金骏眉，“岩韵”显著的武夷肉桂、闽北乌龙，茶中的著名品种——闽北水仙等，这些品质优异、风格独特的茶叶共同为武夷山在中国茶叶历史上留下了浓墨重彩的一笔。

说到武夷山的名茶，就不得不提大红袍，武夷山大红袍之所以会被中国国家博物馆收藏，不仅是因为母树大红袍不再采摘，更是因为以它为代表的乌龙茶，在中国乃至是世界茶叶史上都有着极其深远的影响。历史上的大红

具有“肉桂香”的武夷肉桂

高端红茶的代表——金骏眉

袍本来就少，而被公认的大红袍，仅就九龙窠岩壁上的那几棵，其茶叶产量最高的年份也不过几百克，大红袍茶叶的价格也被炒成天价。2022年11月，包括大红袍制作技艺在内的中国传统制茶技艺及其相关习俗列入联合国教科文组织人类非物质文化遗产名录。

红茶鼻祖——正山小种产自福建省武夷山市。正山小种红茶又称拉普山小种红茶，它是世界上最早出现的红茶，首创于18世纪后期。2005年，在正山小种工艺基础上研发出的金骏眉，带动了整个红茶产业的发展。

金骏眉是武夷山红茶正山小种的一个分支，是福建省高端红茶的代表。金骏眉首创于2005年，是采用创新工艺研发的高端红茶，它的诞生填补了国内市场无高端红茶的空白。

武夷肉桂自1982年以来连续5次获得国家级名茶光荣称号；1992年在首届中国农业博览会上又荣获金奖。现出口东南亚、日本、英国等地区和国家。

水仙茶是闽北乌龙茶中的著名花色品种之一，品质别具一格。水仙茶树品种适制乌龙茶，但因产地不同，命名也不同。闽北产区用南雅水仙制成的条形乌龙茶，被称为闽北水仙。

闽北地区除了武夷山产茶外，还有著名的“福建三大工夫”——白琳工夫、坦洋工夫、政和工夫。闽北地区还是中国白茶的主要产地，白茶有白牡丹、贡眉、寿眉、白毫银针等。

大红袍

采收地点：福建省武夷山。

采摘时间：集中在每年5月中旬。

制作工艺：包括采摘、萎凋、杀青、揉捻、烘干、毛茶、初拣、分筛、风选、初焙、匀堆、拣杂装箱等多道工序。

香茗品质：外形紧结壮实、稍弯曲，色泽褐绿油润，香气瑞、浓长，汤色深橙黄，滋味醇厚，岩韵明显，叶底软亮匀齐。

小提示

武夷岩茶自古就是一种养生、保健的佳饮。传说中神农曾以它解72毒。现经科学研究测定，岩茶富含钾、锌、硒等矿物质，可分离出儿茶素、单宁酸等混合物，对人体健康有益。

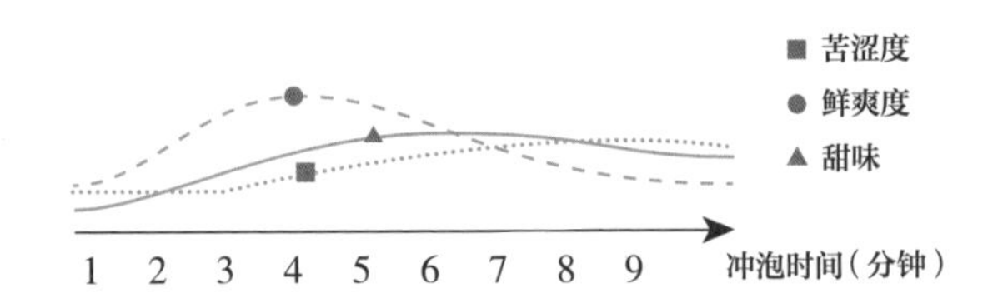

大红袍的历史传说

大红袍的历史传说有很多，其中最广为流传的是：明代有一位上京赶考的举人在路过武夷山时，突发疾病，腹痛难忍，当时有一位来自武夷山天心岩天心寺的老僧取出采摘自寺旁岩石上的茶叶泡给举人喝，喝过之后其腹痛消失，不药而愈。

后来举人中了状元，为了感谢老僧，专程到武夷山答谢。听老僧说此茶可治百病，便请求采制一盒进贡给皇上。第二天清晨，寺庙开始烧香点烛、鸣钟击鼓，召来寺内和尚，向九龙窠出发。众人在茶树下焚香烧拜之后，齐声高喊“茶发芽”，然后便采下芽叶，精心制作后装入锡盒中。状元带着茶叶进京，巧遇皇后肚疼鼓胀，卧床不能起身，状元便将茶献给了皇后，皇后服下果然病痛即好。皇帝大悦，并将一件大红袍交给状元，让他回到武夷山代表皇帝去封赏。状元回到武夷山后，就随同众人来到九龙窠，命一当地樵夫爬上半山腰，将皇帝赐的大红袍披在了茶树上，以示皇恩。说也奇怪，等到掀开大红袍时，三株茶树的芽叶在阳光照射下闪着红光，众人说这是大红袍给染红的。后来人们就把这三株茶树叫作“大红袍”。从此，当地的大红袍成了年年进贡的贡茶。

金骏眉

采收地点：福建省武夷山市桐木关。

采摘时间：一般在清明前采摘。

采摘标准：待茶树新梢长到3~5叶将要成熟，顶叶六七成开面时采下2~4叶，俗称“开面采”。所谓“开面采”，又分为小开面、中开面和大开面。小开面为新梢顶部一叶的面积相当于第二叶的1/2，中开面为新梢顶部第一叶面积相当于第二叶的2/3，大开面为新梢顶叶的面积相当于第二叶的面积。采摘要求采新鲜的茶芽，摘取芽头最鲜嫩的部位。

制作工艺：经过萎凋、摇青、发酵、揉捻等步骤精制而成。

香茗品质：外形细小而紧秀，颜色为金、黄、黑相间，条索紧结纤细，圆而挺直，有锋苗，身骨重、匀整，香气清爽纯正。

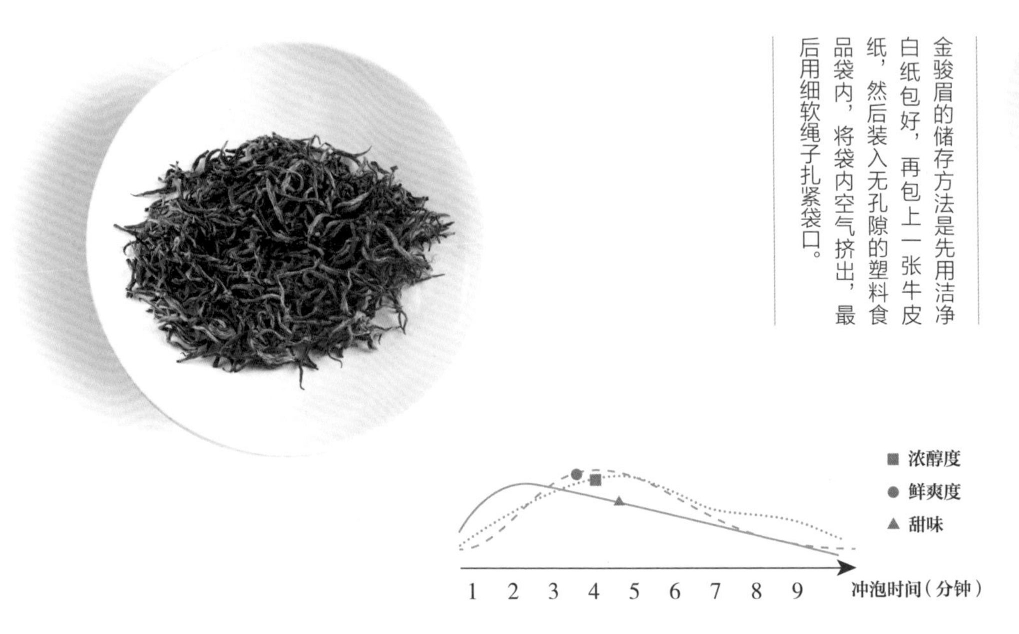

小提示

金骏眉的储存方法是先用洁净白纸包好，再包上一张牛皮纸，然后装入无孔隙的塑料食品袋内，将袋内空气挤出，最后用细软绳子扎紧袋口。

金骏眉价高的原因

金骏眉在2005年由江元勋先生（其家族世代经营正山小种红茶）及其团队研发制成，他们在武夷山正山小种传统的制作工艺上进行了改良。这款采用创新技术研发的高端红茶，其价格比普通红茶要高很多，主要有以下几点原因。

原料价格高：金骏眉是正山小种的一种，其原料采摘于武夷山国家自然保护区，种植茶树的面积并不大，其茶树种植分散，采摘成本很高，所以正宗的金骏眉原料成本也较高。

人工成本高：金骏眉所用的原料全是芽尖，在采摘时要求工人从茶树上手采，0.5千克金骏眉需要6万～8万片芽尖，所以金骏眉在制作成本上是比较高的。

市场需求所致：金骏眉是运用创新技术研发的高端红茶，既保留了传统正山小种的优良特征，又在此基础之上创新了外形和茶叶内质，所以金骏眉较大地满足了高端市场消费者的需求。金骏眉的诞生不仅填补了国内红茶市场无高端红茶的空白，也让红茶市场更加丰富多彩。

武夷肉桂

采收地点：以武夷山茶区为主产区。

采摘时间：一般在每年4月中旬茶芽萌发，5月上旬开采，通常每年只采一季，以春茶为主。

采摘标准：选择晴天采茶，待新梢长到驻芽顶叶中开面时，采摘二、三叶，俗称“开面采”。不同地形、不同级别的新叶，应采取不同的技术和措施进行采摘。

制作工艺：包括萎凋、做青、杀青、揉捻、烘焙等工序。

香茗品质：外形匀整紧实，味甘泽而香馥郁，无绿茶之苦，无红茶之涩，性平不寒，久藏不坏，香久益清，味久益醇。

小提示

武夷肉桂的保存：将茶叶置于低温、干燥、无氧、不透光的环境下储存即可。切勿与其他物品放置一起，储存场所应无异味，否则茶会变质。

■ 苦涩度
● 鲜爽度
▲ 甜味

1 2 3 4 5 6 7 8 9 冲泡时间（分钟）

闽北水仙

采收地点：以福建省的建瓯、建阳为主。

采摘时间：分四次采摘，春茶、夏茶、秋茶和露茶，每季相隔约50天。

制作工艺：包括萎凋、摇青、杀青、揉捻、初烘、包揉、足火等多道工序。

香茗品质：条索紧结沉重，色泽温润鲜嫩，香气浓郁悠长，味道醇厚，叶肉肥壮，汤色清澈橙黄，叶底厚软。

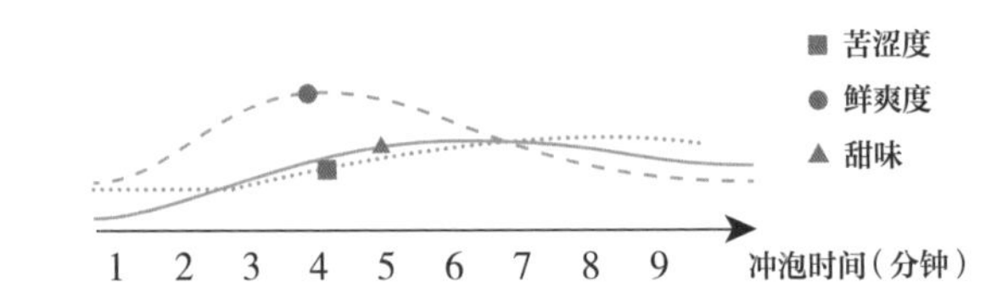

铁罗汉

采收地点：福建省武夷山。

采摘时间：采摘在每年的春季进行。

制作工艺：经过晒青、凉青、做青、炒青、初揉、复炒、复揉、走水焙、拣簸、摊凉、拣剔、复焙、再拣簸、补火等多道工序精制而成。

香茗品质：外形条索紧结，色泽鲜润，叶片红绿相间，冲泡汤色橙亮，香气持久馥郁。

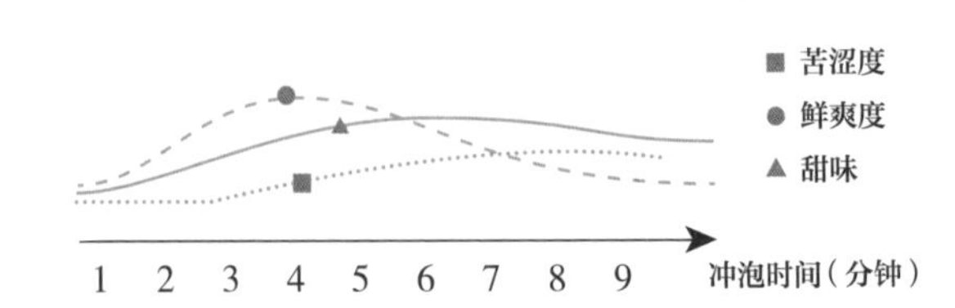

白鸡冠

采收地点： 福建省武夷山。

采摘时间： 一年可采摘三季，在晴天采摘。

制作工艺： 包括凉青、晒青、摇青、炒青、揉捻、包揉、烘焙、筛分、风选、拣剔、匀堆、包装等工序。

香茗品质： 外形芽叶软薄，卷曲成条，形似鸡冠，色泽黄褐，有兰花的清香，汤色清澈明亮，滋味醇厚甘爽，叶底嫩匀。

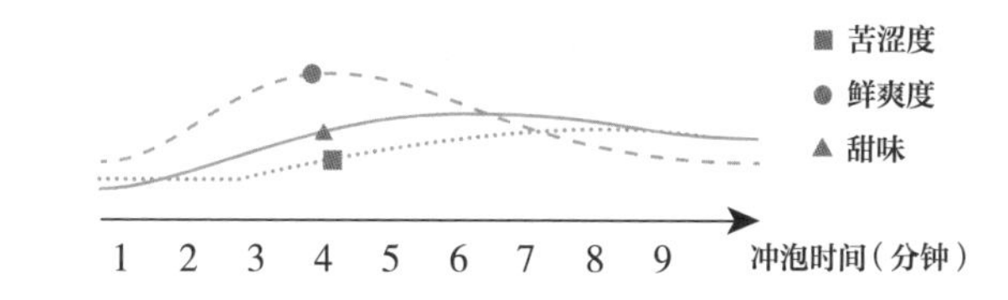

正山小种

采收地点： 以福建省武夷山市桐木关为主。

采摘时间： 一般在清明至谷雨采摘。

制作工艺： 包括萎凋、揉捻、发酵、烘干等工序。

香茗品质： 外形条索紧结匀齐，色泽乌润，内质香气芬芳，汤色红亮，滋味醇厚，香气悠长。

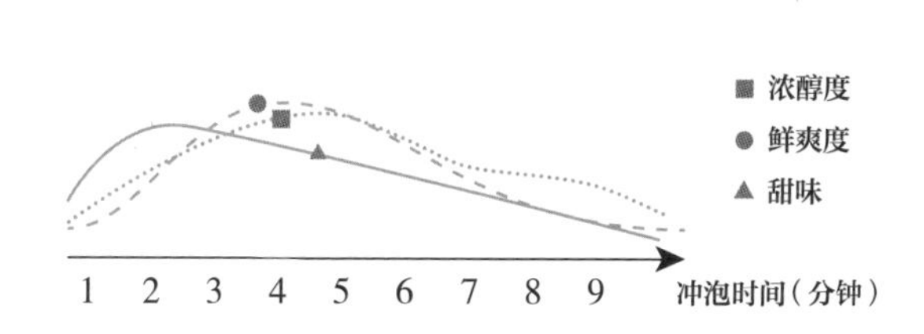

坦洋工夫

采收地点： 福建省福安市白云山麓的坦洋村。

采摘时间： 选择晴天采摘。

采摘标准： 一芽一叶或一芽二叶，鲜叶要求芽叶肥壮、不带鱼叶和鳞片、无病虫伤害。鲜叶还要无异物、无损伤。

制作工艺： 包括采摘、萎凋、揉捻、发酵、干燥、精制等工序。

香茗品质： 外形条索细薄而飘，色泽乌黑有光，有白毫，香气稍低，汤色深金黄，滋味清鲜甜和，叶底光滑。

小提示

坦洋工夫是我国四大工夫名茶之一，福建省三大工夫茶之一。自其在坦洋村试制成功后，一时声名远扬，驰名中外。远销荷兰、英国、日本以及东南亚等地。

■ 浓醇度
● 鲜爽度
▲ 甜味

1 2 3 4 5 6 7 8 9 冲泡时间（分钟）

政和工夫

采收地点：福建省政和县。

采摘时间：采摘在春、秋季，以春茶为主。

制作工艺：包括萎凋、揉捻、发酵、干燥等四道工序。

香茗品质：外形条索紧细、卷曲，色泽灰黑，香气高而带鲜甜，汤色鲜红，滋味醇厚，叶底肥壮尚红。

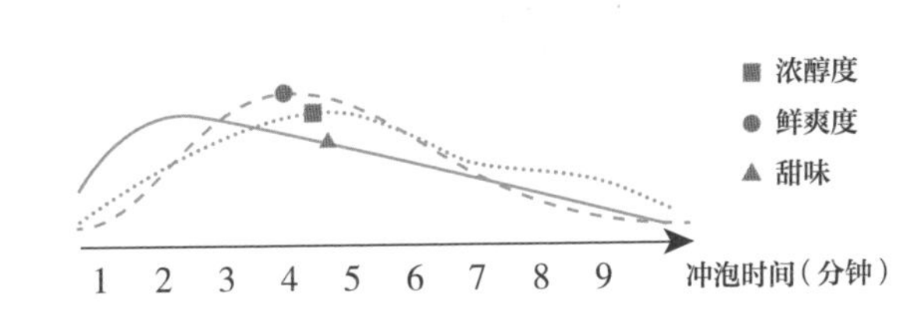

白琳工夫

采收地点：福建省福鼎市白琳镇。

采摘时间：春、秋季采摘，选择在晴天或阴天采摘。

制作工艺：包括采摘、萎凋、搓揉、解块、发酵和烘焙等工序。

香茗品质：外形条索细长弯曲，色泽黄黑，白毫多，香气纯，带甘草香，汤色浅而明亮，滋味清鲜稍淡，叶底鲜红带黄。

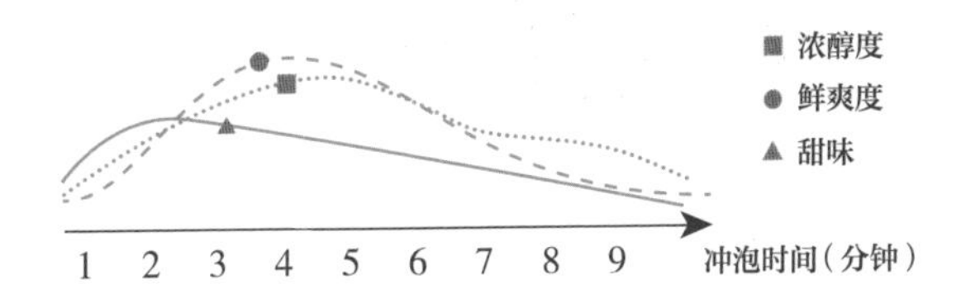

白牡丹

采收地点： 福建省政和县。

采摘时间： 采摘期为春、夏、秋三季，以春茶为主。

制作工艺： 包括萎凋和烘焙两道工序。

香茗品质： 外形自然舒展，一芽二叶，色泽灰绿，香气清纯，汤色橙黄清澈明亮，滋味醇和，叶底成朵。

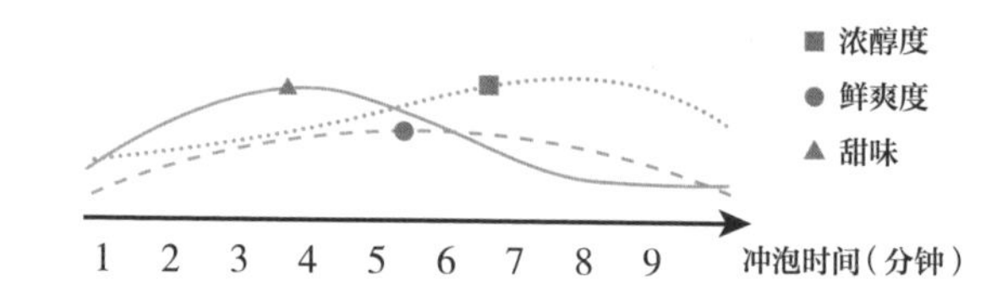

白毫银针

采收地点： 福建省福鼎市、南平市政和县。

采摘时间： 采摘期为春、夏、秋三季，以春茶为主。

制作工艺： 制作过程中不炒不揉，只分萎凋和烘焙两道工序。

香茗品质： 外形芽头肥壮、挺直、茸毛厚，色泽白、有光泽，香气清淡，汤色清碧、呈浅杏黄色，滋味清鲜醇爽，叶底肥嫩明亮。

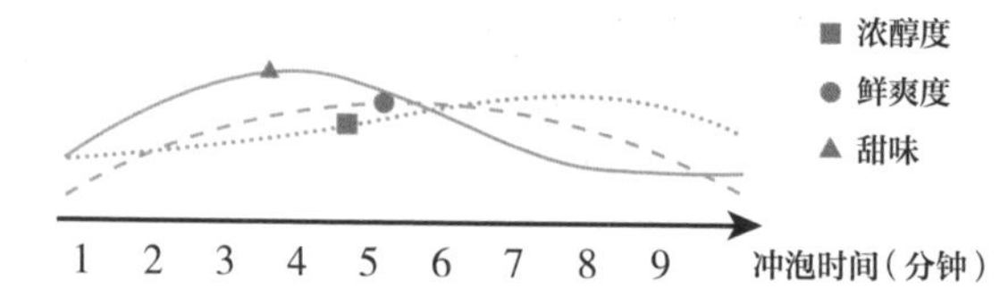

寿眉

采收地点： 福建省政和县。

采摘时间： 清明至谷雨期间是采摘黄金时节。

制作工艺： 包括采摘、杀青、搓条显毫、辉锅等四道工序。

香茗品质： 干茶显毫，色泽翠绿，汤色橙黄至深黄，香气鲜纯，滋味醇爽，叶底匀整、柔软。

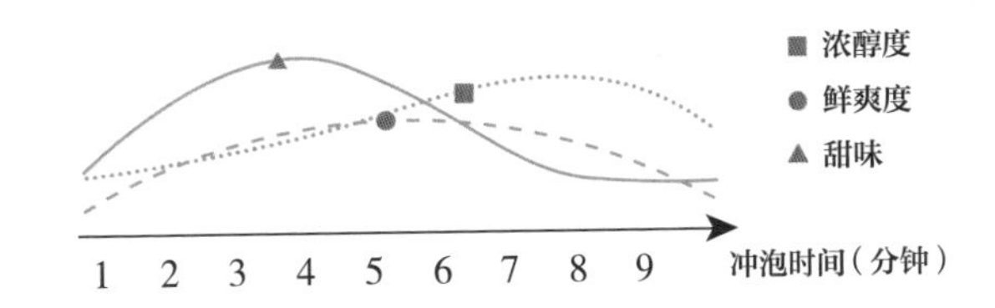

贡眉

采收地点： 福建省南平市建阳区、政和县、松溪县以及福鼎市。

采摘时间： 清明前后采摘最适宜。

制作工艺： 包括萎凋、烘干、拣剔、烘焙、装箱等工序。

香茗品质： 外形芽心较小，色泽灰绿稍黄，香气鲜纯，汤色黄亮，滋味清甜，叶底黄绿，叶脉带红。

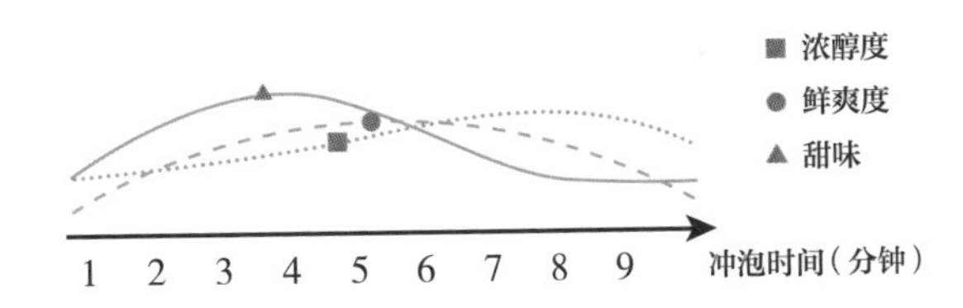

武夷山名茶冲泡指南

武夷名茶适合采用壶泡法，投茶量为冲泡壶具容积的1/2左右，其中青茶耐冲泡，一般可冲泡7次以上

大红袍冲泡演示

1	2	3	4
5	6	7	8

小提示

大红袍的外形不像铁观音那么紧结，所以润茶过程可以简单一些。入水之后，就可以马上把润茶水倒出来了。

1/ **备器**：准备大红袍冲泡所需茶具。

2/ **赏茶**：取适量大红袍干茶，欣赏其外形。

3/ **温壶**：向紫砂壶中注入适量沸水进行温壶。

4/ **温盅**：将温壶用水倒入茶盅内进行温盅。

5/ **温杯**：将温盅用水倒入品茗杯中温杯。

6/ **弃水**：将温杯用水弃入水盂中。

7/ **投茶**：将大红袍干茶缓缓拨入紫砂壶中。

8/ **注水**：将90～95℃的水注入紫砂壶中。

小提示

品鉴大红袍时要看外形、汤色、香气、滋味、冲泡次数和叶底等多个方面，其中以香气和滋味这两方面为重点。

9	10	11
	12	13

9/ 润茶： 将紫砂壶内润茶水倒入茶盅。

10/ 注水： 将90～95℃的水注入紫砂壶中至壶口位置。

11/ 淋壶： 将茶盅内润茶水淋在紫砂壶表面。

12/ 出汤： 将紫砂壶内茶汤倒入茶盅内。

13/ 品饮： 将茶盅内的茶汤分斟至品茗杯中即可品饮。

正山小种冲泡演示

1	2	3	4
5	6	7	8

1/ **备器**：准备正山小种冲泡所需茶具。

2/ **赏茶**：取适量正山小种干茶，欣赏其外形。

3/ **温碗**：向盖碗中注入适量沸水进行温碗。

4/ **弃水**：将温碗用水弃入水盂中。

5/ **投茶**：将茶荷中干茶缓缓拨入盖碗中。

6/ **润茶**：将少量沸水倒入盖碗中进行润茶。

7/ **温盅**：将盖碗中润茶水倒入茶盅内温盅。

8/ **温杯**：将温盅用水倒入品茗杯中温杯。

小提示

高冲注水可以让茶叶在水的激荡下充分浸润，以利于色、香、味的充分融合。

小提示

正山小种红茶的汤色红艳，杯沿有一道明显的『金圈』，这是品质优异的象征。

9	10
11	12

9/ 奔水： 将温杯用水弃入水盂中。

10/ 注水： 向盖碗中注入90～95℃的水至碗口。

11/ 出汤： 1～3分钟后将茶汤倒入茶盅。

12/ 品饮： 将茶盅内的茶汤分斟至品茗杯中即可品饮。

Chapter 03

潮汕人的工夫茶

潮汕工夫茶即潮汕茶道，又被称为“潮州工夫茶”，是古老的汉族茶文化的代表。在唐代，潮汕人就把茶作为待客的最佳礼仪。

潮汕大观园

潮汕在历史上有长达近2000年的时间被称为“潮州”，现今，“潮汕”已成为美食和旅游胜地的代名词。

潮汕地区（地理概念上多指位于广东省东部沿海一带的潮州、揭阳、汕头、汕尾等几个地级市）位于广东省与福建省的连接处，地处中国东南沿海，有着独特的文化标识和得天独厚的水运条件，是我国主要的海港物资集散地，同时也是著名的旅游胜地。

潮汕地区集福建和广东的地域特色和人文特色为一体，博采众长，地理条件优越，气候宜人，土地肥沃，水产丰富，同时有着悠久的历史。

自古作为兵家必争之地的潮汕地区，有许多标志性的历史文物和旅游景点，同时潮汕菜也颇具特色。

工夫茶是潮汕地区的一大特色，是该地区汉族传统的品茶风俗，源于陆羽《茶经》烹煎煮茶之法，是礼宾待客的第一道习俗。

潮汕的产茶条件

潮汕地区地处八乡山、阴那山、韩江中游谷地及凤凰山山地以南，东西地跨莲花山脉东麓至粤闽边界，是典型的亚热带季风气候，自古以来就有着浓郁的茶文化，再加上便利的条件，使得潮汕地区的茶叶产业发展迅速，形式多样，成为重要的经济支柱产业之一。

潮汕地区地势西北高东南低，主要以平原为主，整体低平、土壤肥沃、农产丰富。同时，还有众多的山地和丘陵地区，对于茶叶的生长和生产非常有利。

潮汕地区有韩江、榕江、练江三大江河，平原区由韩江三角洲、榕江平原、练江平原、黄冈河平原、龙江平原五部分组成。这里土地肥沃，土层厚，有着适合茶树生长的酸性土壤。气候宜人、温润，温度适宜、温差小，全年降水量大，非常适合茶树的生长。

潮汕茶区生长的茶树

开元寺

庙堂高阁之上品香茗

潮汕地区的开元寺不同于其他寺庙，开元寺地处闹市区，始建于开元年间，是粤东地区规模最大的佛教寺院，建筑风格别样，艺术特色鲜明，是气势恢弘的古典建筑群。

来开元寺，不仅可以体会古老寺庙的气势恢宏，还可以品味庙堂之上的仙茗芬芳。这里不仅有茶，寺内的素餐在海内外也颇具盛名，游罢寺庙，坐下来品一杯当地的潮汕茶，再品尝素餐，人生惬意不过如此。

潮州西湖

闲情品茗的好去处

潮州西湖公园依山傍水、曲径通幽、茂林修竹，既有亭台楼阁、奇石异峰，也有寺庙庭院、碑刻联语，是到潮汕地区旅游必去的景点之一。

潮汕人习惯在闲暇之余来到西湖品茗，谈笑风生间将“西湖渔筏”等故事流传了下来。

潮汕

工夫茶

潮汕工夫茶历史悠久，最早可以追溯到宋代，相传是由福建的“小杯茶”演变而来，随着时间的推移，茶具、茶叶和冲泡技术越来越讲究，逐渐形成了如今的潮汕工夫茶。品饮工夫茶一花费时间，二讲究技术和程序。潮汕工夫茶是融精神、礼仪、沏泡技艺、巡茶艺术、评品质量为一体的完整的茶道形式。

中信度假村

度假品茗好选择

中信度假村位于潮汕地区的汕头市南滨龙虎滩，靠近海滩，海岸线绵延悠长，环境优美，是休闲度假、避暑、品茗的好选择。

东沙湾

海上饮茶

东沙湾位于东港村海滨，海湾呈半月形，海水清澈，沙滩沙质细白柔软，沙滩上种植着防风林带，是天然的海滨浴场。

在度假的同时，也可以享受当地的茶饮。

养生茶饮

乌龙决明茶

材　　料：决明子10克，荷叶、乌龙茶各6克。

做　　法：将决明子放入锅中炒干，荷叶撕成片。将所有材料放入杯中，冲入沸水，闷约5分钟即可。

养生功效：消脂解腻，明目去火。

潮汕名茶介绍

潮汕是中国乌龙茶三大产区之一。潮汕乌龙茶拥有多个茶树优良品种，有水仙、色种、乌龙、观音4种花色品类

广东省与福建省、台湾地区并称为中国乌龙茶三大产区，广东省潮汕盛产乌龙茶，而品“工夫茶”是潮汕地区最出名的风俗之一。

工夫茶起源于宋代，在潮汕地区最为流行。苏轼有作云：“君不见闽中茶品天下高，倾身事茶不知劳”，可见饮茶用心之深。

工夫茶讲究泡茶、品茶，如煮茶用水就有“山水为上，江水为中，井水为下”的说法。潮汕地区基本家家户户都有工夫茶具，每天必饮工夫茶，才算圆满。

凤凰单丛

凤凰水仙

苏轼《与子野》中记载："寄惠建名数种，皆佳绝。彼土自难得，更蒙辍惠，惭悚。"子野是苏轼的好友，是潮州前八贤之一，说明宋代潮汕地区上流社会中已经有饮茶的习俗。

最先把"工夫茶"作为一种品茶程式的名称载诸文献的，是清代俞蛟的《梦厂杂著·潮嘉风月》。

潮汕工夫茶经明末清初的发展，到了晚清时，工夫茶已经发展成为一种风尚。民国时期，工夫茶在潮汕地区的受欢迎程度更为扩大。

潮汕茶的主要产地是潮州市潮安区、饶平县，汕头市潮阳区、揭阳市揭西县等。主要的名茶有凤凰单丛、凤凰水仙、坪上炒茶等。

凤凰单丛产于潮安区凤凰镇，凤凰镇因地形酷似传说中的吉祥鸟——凤凰而得名，有着"中国乌龙茶之乡"的称号。茶区内有3700多株树龄在200年以上的古茶树，其中有一株"宋茶"，树龄600年。凤凰山的产茶史可以追溯到唐代，到了清代，"凤凰茶"逐渐被人们所认识，并列入全国名茶。凤凰单丛的产销历史已有900多年，现主销闽、粤、港、澳等地，此外还出口日本、新加坡、泰国等国家。

坪上炒茶又名"鸟啄茶"，不仅滋味好，而且具有助消化、消痰化瘀等功效。

凤凰单丛

采收地点： 广东省潮州市潮安区凤凰镇。

采摘时间： 清明节前后开始采摘，一般选择在午后采摘，当晚加工，制茶均在夜间进行。但是有强烈日光时不采，雨天不采，雾水茶不采。

采摘标准： 凤凰单丛实行分株单采，当新茶芽萌发至小开面时（即出现驻芽），即按一芽二、三叶标准，用骑马采茶（即拇指和食指捏住茶梗，茶叶分在手掌虎口两边，采下茶叶最下面一叶贴在虎口内，轻力上折）手法采下，轻放于茶箩内。

制作工艺： 包括晒青、晾青、做青、杀青、揉捻、烘焙等工序。另有一些特殊山场及树种的茶青，经炭火慢焙一段时间后，口感及香气变得更加独特，“山韵”较轻火茶更为醇厚，也更耐泡。

香茗品质： 外形条索粗壮，匀整挺直，油润有光，色泽黄褐鲜亮，清香持久，有独特香味，滋味浓醇。

小提示

凤凰单丛可以用铁制彩色茶罐、锡瓶、有色玻璃瓶及陶瓷器等储存。其中以双层盖的铁制彩色茶罐和长颈锡瓶为佳。要注意储存容器是否密闭，而且应将茶叶装实装满，尽量减少容器内的空气。

■ 苦涩度
● 鲜爽度
▲ 甜味

1 2 3 4 5 6 7 8 9 冲泡时间（分钟）

凤凰水仙

采收地点：广东省潮州市潮安区凤凰镇。

采摘时间：在每年春季清明前后进行，采摘时间以午后为佳。

制作工艺：包括采摘、晒青、摇青、摊凉、杀青、揉捻、烘焙等工序。

香茗品质：外形叶形较大，丰盈肥厚，叶片富有光泽，味道浓醇鲜爽，香气浓郁。

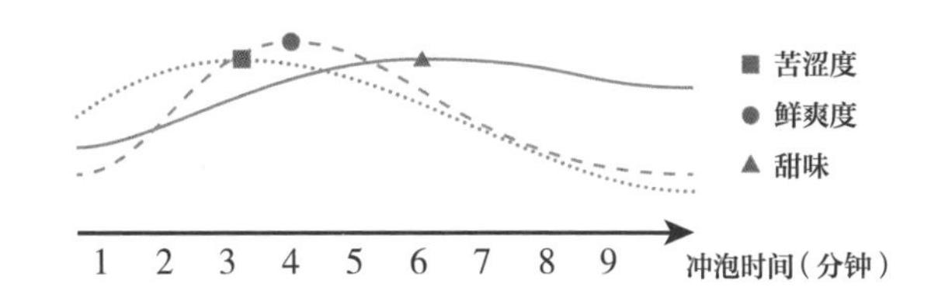

凤凰乌龙

采收地点：广东省潮州市潮安区凤凰镇。

采摘时间：在每年的清明至谷雨前后采摘。

制作工艺：包括采摘、萎凋、杀青、揉捻、干燥等工序。

香茗品质：外形紧实纤秀，色泽光亮，滋味醇和，香气持久。

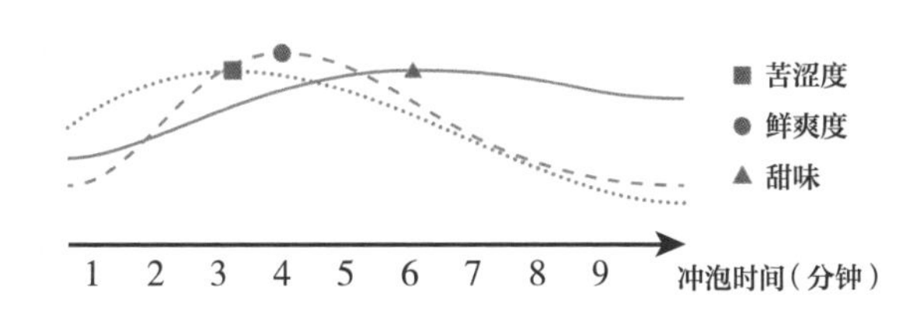

潮汕名茶冲泡指南

正宗的潮汕工夫茶对茶具和操作的要求都很高，主要茶艺程序有孟臣淋霖、乌龙入宫、春风拂面、关公巡城、韩信点兵等

不同水温对茶风味的影响

凤凰单丛冲泡演示

1	2	3	4
5	6	7	8

小提示

家庭用茶量少，建议用铁制彩色茶罐、锡瓶、有色玻璃瓶及陶瓷器等储存。

1/ **备器**：准备凤凰单丛冲泡所需茶具。

2/ **赏茶**：取适量凤凰单丛干茶，欣赏其外形。

3/ **温壶**：向紫砂壶中注入适量沸水进行温壶。

4/ **温盅**：将温壶用水倒入茶盅内进行温盅。

5/ **温杯**：将温盅用水用来温杯，分别低斟入品茗杯中。

6/ **弃水**：温杯后直接弃水入茶盘中。

7/ **投茶**：将凤凰单丛干茶缓缓拨入紫砂壶中，如壶口较小，可以用茶漏增大壶口面积。

8/ **温润泡**：将沸水注入紫砂壶中，刚好没过茶叶即可。

小提示

关公巡城：循环斟茶，茶壶似巡城的关羽。其目的是为了使杯中茶汤浓淡一致，低斟是为了使香气不过多散失。

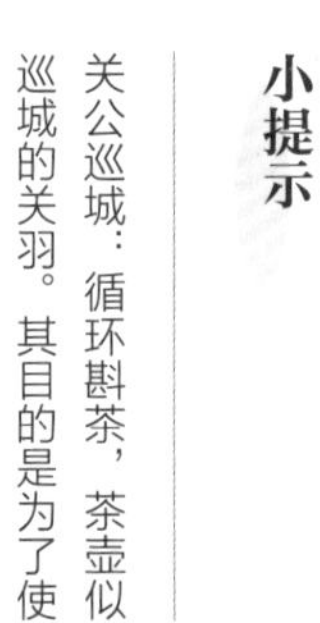

9	10	11
	12	13

9/ 出汤：将茶漏置于茶盅上，迅速将温润泡的水倒出。

10/ 注水：温润泡出汤后，再次向紫砂壶中注入90～95℃的水。

11/ 养壶：温润泡的水不能直接饮用，可以用来养壶，均匀浇淋在紫砂壶上即可。

12/ 出汤：10～15秒后再次出汤，即将紫砂壶中的茶汤倒入茶盅中。

13/ 分斟：茶盅内的茶汤低斟入品茗杯中，茶汤稍凉后即可品饮。

Chapter 04

宝岛全境皆产茶

台湾茶源自福建省，至今已有很多名茶，且各有特色，主要茶类有青茶、红茶，所产茶叶远销海内外。

台湾大观园

台湾茶源自我国福建省，至今有200多年的历史

茶叶的风味结构来源

台湾地区地处热带及亚热带气候交界处，自然景观与生态资源丰富多样，是全世界著名的旅游胜地。

台湾地区自20世纪60年代开始，经济发展迅猛，跻身亚洲四小龙之一，同时也是制造业与高新技术产业的发达地区，有着许多全亚洲乃至全世界的著名企业。

台湾文化是中华文化的重要组成部分，台湾有着浓郁的民族特色，特别是高山族。同时由于受欧美等文化的影响，台湾地区可以说多元文化共同发展。

早在300多年前，台湾地区便发现有茶树生长，这些茶树大都是野生茶树，根据清代《诸罗县志》记载：“（中国）台湾中南部地方，海拔八百到五千尺（今为200～1600米）的山地有野生茶树，附近居民采其幼芽，简单加工制造，而作自家饮用。”

台湾地区先民虽然早就用野生茶树制茶，但之后的茶叶生产制作与这些野生茶树并无关联。真正发展茶树栽培管理及茶叶制造，是从200多年前自福建省武夷山引进茶种及种植开始的。

清嘉庆年间，柯朝氏从福建省武夷山引进茶种，种于今台湾新北市的瑞芳区，是现有文献最早提及闽茶引入台湾的记事。

清光绪十三年（1887年），刘铭传任台湾巡抚后，刻意发展茶业，台北盆地及其周围丘陵地更是遍布茶园。

1945年后，台湾开始积极复兴茶园，成立茶叶生产专业区，加强茶业试验研究工作，改进制茶机械及技术。

台湾的产茶条件

台湾地区地形多样，在许多高海拔地区，气候阴湿，云雾缭绕，日照短，使得茶叶叶厚，芽叶柔软，果胶含量高，色泽翠绿，有浓郁的香气，同时富含可溶性物质。

台湾地区植被覆盖率高，常年温度变化小，早晚温差大，很适合茶树生长，并孕育出独具台湾特色的好茶。

在台湾地区超过2600米的高山处，气候寒冷，在这里种植的茶树生长速度缓慢，茶质幼嫩，再加上当地排水良好的天然酸性土壤，这种得天独厚的环境造就出独一无二的好茶。

文山茶区包括台北市文山、南港，新北市新店、汐止等茶区，有2300多公顷，茶园分布于海拔400米以上的山区，山明水秀，终年温润凉爽，土壤肥沃。

西门町

买茶叶的好去处

位于台北市万华区东北方，为台北市西区最重要的消费商圈。西门町是台北市第一条且有地标性意义的步行区，这里有各种各样的茶叶店，可以挑选心仪的茶礼。

阿里山

来自台湾的高山茶

阿里山作为台湾最为著名的旅游景点之一，有着世界三大登山铁路之一的登山铁路，和具有美丽传说的阿里山神木，是台湾旅游必去之地。这里还有高山茶园，踏寻在此，可以品茗高山茶的芬芳。

垦丁

在度假中品茗

垦丁是位于台湾最南部的一个小城市，也是一个小岛，有天然海滩。同时还有令人垂涎三尺的各种特色小吃、水产品和茶叶，在这里可以体验最具台湾气息的地方风土人情。

台北故宫博物院

寻找茶历史的好去处

台北故宫博物院坐落于台北市士林区，是中国三大博物馆之一，也是古代中国艺术史和汉学研究要地。

到了台北故宫博物院，还可以看到北宋时期的汝窑、钧窑出产的茶具，也能在冶堂茶文化馆买到茶具、茶叶等。

养生茶饮

蜂蜜柠檬乌龙茶

材　　料：乌龙茶10克，柠檬半个，蜂蜜适量。

做　　法：将乌龙茶、蜂蜜放入杯中，用沸水泡5分钟，挤入柠檬汁搅匀即可。

养生功效：解表，开胃，止呕。

台湾省

茶叶储存

如果想保留乌龙茶的原汁原味并长期储存的话，建议放在冰箱里，保持温度-5℃。乌龙茶有轻焙、重焙之分，轻发酵、重发酵之分。大致上，轻焙、轻发酵的乌龙茶保存方法和保存时间近似绿茶。台湾地区的高山乌龙是微微发酵的，如绿茶般脆弱，因此储存时需要更加小心。

日月潭

台湾红茶产地

日月潭有山有湖，位于台湾中部的南投县鱼池乡。日月潭山峦环抱，绿水青山，处处都是美景。它有独特的气候条件，是绝佳的避暑胜地，也是台湾红茶的重要产地，这里出产的日月潭红茶闻名海内外。

台湾名茶介绍

台湾茶源自福建，出产的茶多为青茶、红茶，经过与当地气候环境融合，形成了独具台湾风格的名茶

台湾地区有很多名茶，且各具特色，如文山包种茶、东方美人茶、日月潭红茶、冻顶乌龙茶、金萱茶等。

文山包种茶，是台湾乌龙茶中发酵程度最轻的清香型绿色乌龙茶。相传于150多年前，福建省安溪县茶农仿武夷茶的制造法，将制好的茶叶每200克装成一包，每包用两张毛边纸内外相衬包成长方形的四方包，称之为“包种”或“包种茶”。这就是“包种茶”名称的由来。

东方美人茶

金萱茶

东方美人茶产于新竹县北埔乡，名“膨风茶”或“椪风茶”。相传早期有一茶农因茶园受虫害侵食，不甘损失，便将茶叶挑到城中贩售，没想到竟因风味特殊而大受欢迎，回乡后向乡人提及此事，竟被指为吹牛，这就是膨风（台湾俚语吹牛之意）茶的来源。

东方美人茶的茶种分为两种：新竹县、苗栗县产区以“青心大有”为主，而新北市坪林区、石碇区则以“青心乌龙”为主。

台湾生产红茶，一开始试种在桃园地区，但成效不好。后来分别在埔里、水里、鱼池等地试种，结果发现日月潭地区气候环境非常适合种茶。20世纪40年代末是台湾红茶最兴盛的时期，红茶制业也是南投市鱼池乡、埔里最兴盛的产业，但后来逐渐没落了。

冻顶乌龙茶俗称冻顶茶，是台湾知名度极高的茶，茶区海拔600～1000米，被誉为“茶中圣品”。相传在清咸丰年间，鹿谷乡林凤池赴福建省应试，高中举人，还乡时，从武夷山带回36株青心乌龙茶苗，其中12株种在麒麟潭边的冻顶山上，冻顶乌龙茶由此而得名。

以金萱茶树采制的半球形包种茶，就叫金萱茶。金萱茶由台湾茶叶之父吴振铎培育而成，为了纪念他，将此茶以其祖母之闺名命名为金萱茶。金萱茶树形横张，叶厚呈椭圆形，叶色浓绿有光泽，幼苗绿中带紫，密生茸毛，适合制包种茶和乌龙茶。

冻顶乌龙茶

采收地点： 台湾鹿谷乡凤凰村。

采摘时间： 一年四季均可采摘，分为春茶、夏茶、秋茶、冬茶，一般选择在中午12：00前后2小时采摘。

采摘标准： 以鲜叶为主，采摘时注意不要用指甲采摘，而是用食指和拇指夹住采摘。

制作工艺： 经过采摘、萎凋、晒青、发酵、杀青、揉捻、整形、烘焙等多道工序精制而成。

香茗品质： 外形条索自然卷曲、紧结整齐，呈半球形，色泽翠绿鲜艳、有光泽，清香明显，带花果香，汤色金黄清澈，滋味醇厚甘润，叶底柔嫩。

小提示

可将茶叶置于密封的容器中，用透明胶条将盖密封，放入冰箱冷藏。春天存放，到冬天取出时，茶的色、香、味同存放时基本一致。

■ 苦涩度
● 鲜爽度
▲ 甜味

1 2 3 4 5 6 7 8 9 冲泡时间（分钟）

金萱茶

采收地点：台湾阿里山茶区的嘉义县境内。

采摘时间：在每年4月中旬进行采摘，以春茶为主。

制作工艺：包括采摘、萎凋、揉捻、干燥等多道工序。

香茗品质：外形肥厚、鲜嫩，色泽翠绿有光泽，滋味醇厚，有淡雅奶香及花香风味。

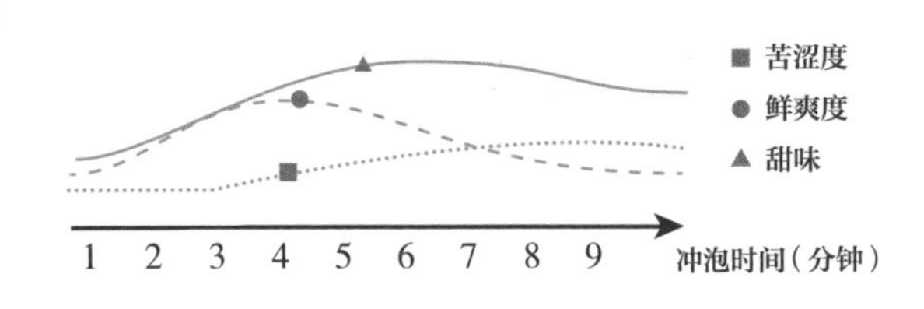

东方美人茶

采收地点：台湾新竹县、苗栗县一带。

采摘时间：采收期在端午前后10天。

制作工艺：包括采摘、萎凋、炒青、发酵、揉捻、烘干等工序。

香茗品质：茶叶呈金黄色，白毫肥大，茶汤汤色浓，呈明澈鲜丽的琥珀色，滋味甘润香醇。

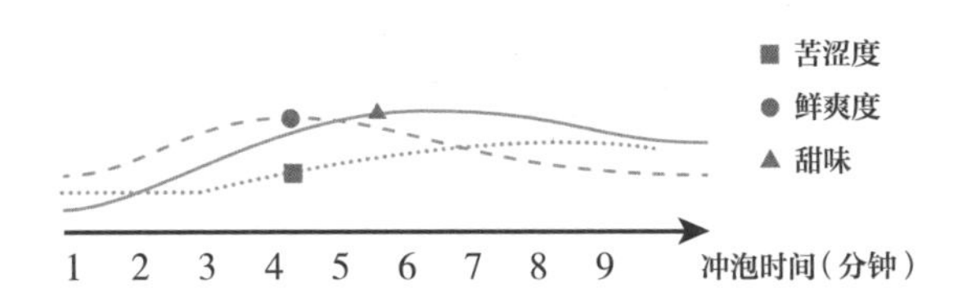

文山包种茶

采收地点：台湾台北市和桃园市等。

采摘时间：春、夏、秋三季，以春茶为主。

制作工艺：包括采摘、萎凋、揉捻、干燥等多道工序。

香茗品质：外形条索紧结整齐，色泽墨绿有光，香气清新持久，有天然花香，汤色黄绿、清澈明亮，滋味甘醇鲜爽，回味强。

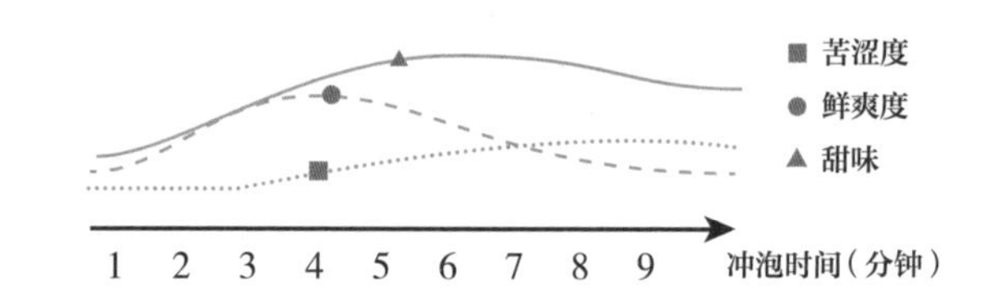

日月潭红茶

采收地点：台湾南投市鱼池乡一带。

采摘时间：采收期在端午前后10天。

制作工艺：包括采摘、萎凋、炒青、发酵、揉捻、烘干等工序。

香茗品质：外形条索紧结匀整，色泽紫黑至紫红，毫多，香气清纯浓郁，汤色鲜明红艳，滋味醇和回甘，叶底肥嫩。

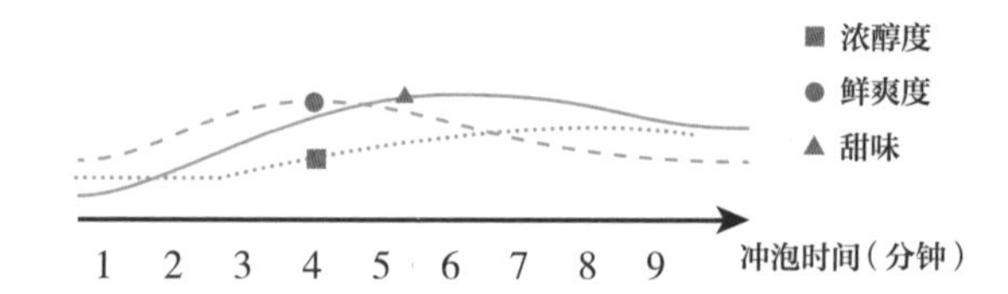

台湾名茶冲泡指南

台湾名茶主要为青茶，适合用紫砂壶或其他茶壶冲泡，茶叶与水比为1：20，冲泡次数可在7次以上

冻顶乌龙茶冲泡演示

1	2	3	4
5	6	7	8

小提示

茶具宜小不宜大，茶壶的容量以200毫升，茶杯容量以150毫升为宜，茶叶投入量约茶壶容量的1/3～2/3。

1/ 备器： 准备冻顶乌龙茶冲泡所需茶具。

2/ 赏茶： 取适量冻顶乌龙干茶，欣赏其外形。

3/ 温壶： 向紫砂壶中注入适量沸水进行温壶。

4/ 温盅： 将温壶用水倒入茶盅内进行温盅。

5/ 温杯： 将温盅用水用来温杯。

6/ 弃水： 将温杯用水弃入茶盅中。

7/ 投茶： 将冻顶乌龙干茶缓缓拨入紫砂壶中。

8/ 注水： 将90～95℃的水注入紫砂壶中。

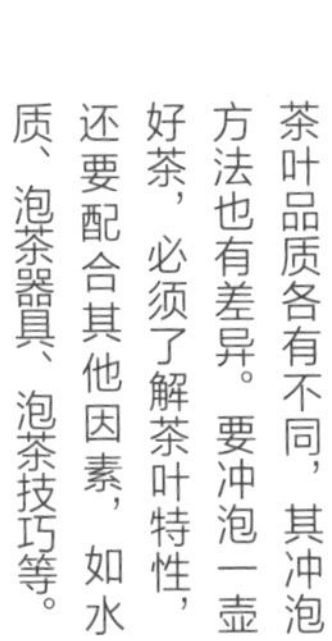

小提示

茶叶品质各有不同，其冲泡方法也有差异。要冲泡一壶好茶，必须了解茶叶特性，还要配合其他因素，如水质、泡茶器具、泡茶技巧等。

9	10	11
	12	13

9/ 润茶：将紫砂壶内润茶水倒入茶盅。

10/ 冲泡：将90～95℃的水注入紫砂壶至壶口位置。

11/ 出汤：将紫砂壶内茶汤倒入茶盅中。

12/ 分茶：将茶盅内的茶汤分斟至品茗杯中。

13/ 品饮：品茗杯中茶汤即可。

金萱茶冲泡演示

1 | 2 | 3 | 4

1/ **赏茶：** 取适量金萱干茶置于茶荷，欣赏其外形、色泽。

2/ **注水：** 低斟沸水入盖碗，注水量为碗容积的1/3即可。

3/ **温碗：** 利用手腕力量温烫碗身，进行温碗。

4/ **弃水：** 温碗后直接将水弃入水盂中。

翻盖碗技巧

首先翻盖，将碗盖由外向里翻转过来。然后注水让水流从碗盖和碗身的空隙中流入。最后用茶针将碗盖翻转过来。

温盖碗翻盖时，注意要让碗盖和碗身之间留有一定空隙，否则水流不能通过空隙流到碗内。在注水入盖碗时，注水速度宜慢，且要低斟，不可高冲注水，以免茶水飞溅。

复盖时，右手如握笔状取茶针，左手手背面向前方，轻轻扣在碗盖沿一侧，右手执茶针由内向外波动，使碗盖顺时针翻转过来，同时左手顺势拿住盖钮。该动作要一气呵成，切忌动作太快导致碗盖脱离。动作也不宜太慢，以免给人一种拖沓感。

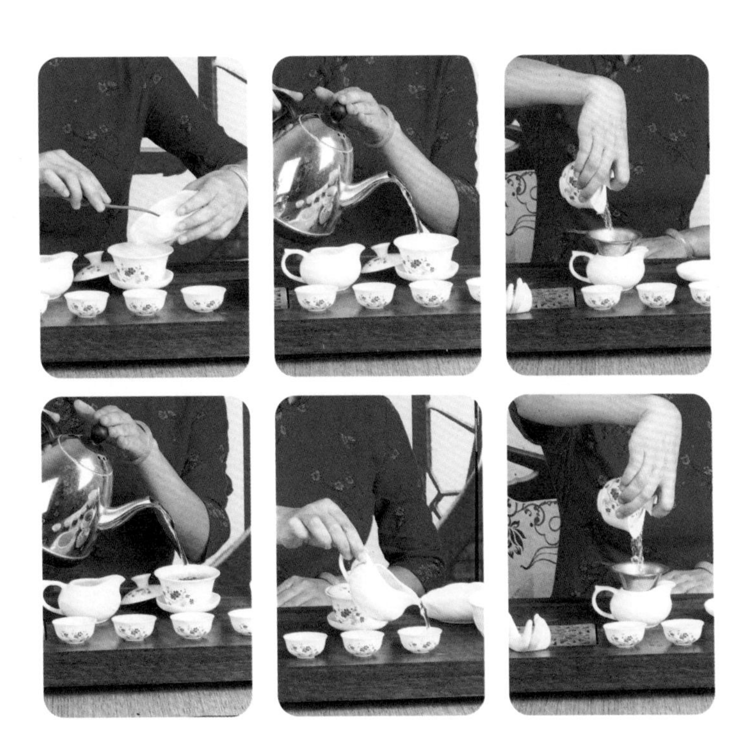

5	6	7
8	9	10

5/ 投茶： 将茶荷中的金萱茶用茶匙缓缓拨入盖碗中。

6/ 注水： 将95～100℃的水注入盖碗中，没过茶叶即可。

7/ 温盅： 将润茶的水直接倒入茶盅内温盅。

8/ 注水： 再次注入90～95℃的水泡茶，注水量至碗沿即可。

9/ 温杯： 将茶盅内的水直接倒入品茗杯中温杯。

10/ 出汤： 1～3分钟后即可出汤。

小提示

温盅的目的：一是为了提高盅的温度，使倒茶汤时温度不会降得过快；二是判断盖碗的容量是否与茶盅容量相符，如盖碗容量大于茶盅，那再次注水就要少注一些。

11 | 12
13 | 14

小提示

茶巾虽然不起眼，但是在冲泡茶叶的过程中应用很频繁，所以在备器时，一定要备一条干净的茶巾，方便使用。

11/ 弃水： 用茶夹将温杯的水弃入水盂中。

12/ 擦拭： 用茶巾将品茗杯擦拭干净。

13/ 斟茶： 将茶盅内茶汤分斟入品茗杯中。

14/ 品饮： 举杯邀客品饮。

Chapter 05

『遗失』的湖南茶

湖南省产茶历史悠久，不仅有迅速崛起的黑茶，还有黄茶。湖南省凭借其得天独厚的产茶条件，造就了很多历史名茶。

湖南大观园

湖南省盛行种植木芙蓉，五代时就有“秋风万里芙蓉国”的说法，因此湖南省又有“芙蓉国”之称

种植环境
如何影响茶风味

历史上中国的六大茶类——绿茶、红茶、青茶、黄茶、白茶和黑茶，前五大茶类因为在市场上的普遍性而为人们所熟知，黑茶因为长期作为边销茶而不被国人熟知。

随着市场的发展，越来越多的黑茶逐渐受到关注，除了普洱茶，湖南黑茶就是其中最具代表性的一种。

要探究湖南黑茶的发展史，就必须从安化县入手。安化县家家户户基本都在制黑茶，其制作技术是从四川省流传过来的。据记载，在16世纪时就有人用四川毛茶做色压制

成黑茶；在万历十三年（公元1585年），四川省内有湖南黑茶贩卖，湖南黑茶开始兴起。

湖南黑茶的原产地在安化县，最早产于资江边上的苞芷园，后来转至鸦雀坪、黄沙坪、江南镇、唐家观等地，品质以高家溪和马溪最佳。现存的唐家观古镇至今还能看见七八个码头，在过去黑茶生意好的时候，短短500米的街道上有茶商等商贩一万多人，街道上有不少刻着“黑茶”字样的石碑，石碑上大多刻着关于茶叶的交易内容，比如茶业的规定、处罚条例等。

湖南黑茶在历史上也曾因茶马古道而繁华过。在万历二十三年（公元1595年），湖南省御史李楠以湖南茶行行销西北妨碍茶法为由，上疏请求禁运。但同为御史的徐侨上疏称“湖茶之行，无妨汉中，汉茶味甘而薄，湖茶味苦，于酥酪为宜”，主张湖南黑茶边销有利于西北少数民族，不宜禁运，后来皇帝将湖南黑茶正式定为官茶，远销西北市场。

湖南省除了产黑茶外，还产黄茶。来自湖南省岳阳市洞庭湖的君山银针是中国十大名茶之一。据《巴陵县志》中记载“君山产茶嫩绿似莲心”“君山贡茶自清始，每岁贡十八斤”。古人形容此茶如“白银盘里一青螺”。君山银针始于唐代，在清代被列为贡茶。

清代时，君山产的茶叶分为“尖茶”和“茸茶”两种，“尖茶”顾名思义就是茶叶如茶剑，“茸茶”则表示白毫尽显。

湖南的产茶条件

湖南省的地势整体有由南向北倾斜的趋势，中部、北部地势平坦，呈马蹄形地形。湖南省的西北有武陵山脉；西南有雪峰山脉；东面为湘赣交界诸山，海拔多在1000米以上；北部则为洞庭湖平原；中部的丘陵、台地海拔多在200～500米，以红岗盆地为主。

湖南省位于长江以南，为大陆性特征明显的亚热带季风气候，这里气候温和、四季分明、降水集中，春温多变、夏秋多旱、严寒较短、酷暑较长，这样的自然条件适合种植茶树。

按自然条件、历史和现在的茶叶销售情况可以将湖南分为五个茶区，分别是湘东、湘南、湘中、湘西和湘北等茶区。

湘东茶区

湘东茶区东起衡东县，北至平江县，西止韶山市、湘潭市等，包括幕阜山、九嶷山等。这里海拔在200～700米，土壤以红壤和黄壤为主，年平均气温在17℃，年降水量在1300～1500毫米。适合生产红茶和黄茶，其中君山银针便产于此地。

湘南茶区

湘南茶区东起茶陵县、炎陵县一带，西至靖州苗族侗族自治县，南临两广，以衡山县、衡东县以南的南岭山脉和万洋山脉的广大山区为主。境内海拔在500～1500米，土壤主要是红壤和山地红壤，年平均气温在17℃，年降水量在1200～1700毫米，主要产名优绿茶。

湘中茶区

湘中茶区东起宁乡、湘乡等，西至安化县、桃源县等地，南临广西，处于雪峰山以东，衡山以西。湘中茶区是湖南最大的茶区，年平均气温在17℃，年降水量在1300~1800毫米，生长的茶树品质优异，其中著名的安化松针、茯砖茶、千两茶等皆出产于此。

湘西茶区

湘西茶区北临湖北省，南连广西，西临贵州，东至雪峰山脉。境内土壤以红壤和黄壤为主，昼夜温差比其他茶区要大，年平均气温在15~17℃，年降水量在1250~1410毫米，主要产绿茶和红茶，其中古丈毛尖就出产于此。

养生茶饮

煮奶茶

材　　料：砖茶10克，牛奶250克，白糖或盐少许。

做　　法：锅中加水1升左右，加入砖茶，中火煮沸5分钟。加入牛奶，改小火慢慢煮至沸腾，依个人口味加入白糖或盐调味即可。

养生功效：开胃，解腻。

湘北茶区

湘北茶区东起岳阳市、临湘市等，南至益阳市，西临桃源县，北接湖北省，以环洞庭湖丘陵地区为主。境内地势平坦，海拔在200米以下，土壤主要以红壤和棕色壤为主，年平均气温在17℃，温差较小，年降水量在1200~1500毫米，这里的茶园面积大，是湖南黑茶、老青茶、绿茶的优势产区。

张家界

香茗一杯走天下

张家界位于我国湖南省张家界市内，为国家级的风景名胜区，它是武陵源景区的重要组成部分，于1992年被列入《世界自然遗产名录》。

张家界气候温和、山中云雾缭绕，是产茶圣地。这里出产的茶叶氨基酸、咖啡碱含量均较高，名茶有青岩茗翠、龙虾花茶、茅岩莓茶等，来到张家界欣赏祖国大好河山的同时，也能品尝到当地的名茶。

德夯苗寨

讨一杯苗族香茶

“德夯”是苗语，意思是“美丽的峡谷”。在湘西武陵源的大片原始森林当中，有一条美丽的峡谷，谷地旁边有个苗族村，叫德夯苗寨。

到这里游玩，可以在苗族人家中讨一杯香茶。

洞庭湖

好山好水出好茶

洞庭湖位于我国湖南省北部，是中国第二大淡水湖，自古以来吸引着大批文人墨客前来游览。

洞庭湖畔出产的君山银针，是中国的十大名茶之一，也是中国黄茶代表之一。在这里既可以寻访山水，也可以寻觅好茶。

株洲市

千古茶乡

湖南省株洲市炎陵县，是一个气候温润、风景秀丽的小县城。此城原名“酃（líng）县”，古意是一种酒的名字，最终因远古炎帝陵而得今名。

株洲市有很多地名中包含“茶”字，如有全国唯一一个以茶命名的县——茶陵，虽然不足以证明其为茶祖之乡，却可以说明茶业发展在株洲市历史悠久。

湖南的禅茶文化

中国的禅茶文化历史悠久，在唐宋达到顶峰，对社会的影响一直延续至今，而湖南省石门县是中国禅茶之乡。

石门县位于湖南省常德市，是“中国禅茶之乡”“中国名茶之乡”“中国绿茶出口基地县”。石门县的夹山寺是中国、日本禅茶的源头，自古就被誉为“禅茶祖庭”。唐代高僧善会在夹山寺开辟寺院时，即有“猿抱子归青嶂里，鸟衔花落碧岩前”的偈语。

北宋徽宗政和年间，四川省高僧克勤禅师在石门县夹山寺当主持时，提出“禅茶一味”这一佛家禅语，并有《碧岩录》流传于世，被称为天下“禅门第一书”，在中国和日本以及东南亚地区影响深远，自此禅与茶形影相随。

夹山寺初称普慈寺，又名灵泉禅院，始建于唐咸通十一年（公元870年），历经唐懿宗、宋神宗和元世祖“三朝御修”。在明末清初时，闯王李自成还曾兵败禅隐在此。夹山寺鼎盛时期有九殿一宫，后来历经兵荒马乱致数度兴废，现已修复六殿一宫，是石门县夹山国家森林公园核心景点。

禅茶是茶作为一种特殊心性修养的形式，发扬禅茶文化的目的是通过茶强化当下觉悟，禅的精神在悟，茶的精神在雅，从而实现从迷到悟、从俗到雅的转化。一念迷失，禅是禅，茶是茶；清者清，浊者浊；雅是雅，俗是俗。一念觉悟，茶即禅，禅即茶；清化浊，浊变清；雅化俗，俗化雅。茶味即水味，水味即是茶味，茶水交融，密不可分。这种修行意境不仅符合佛家的本怀和佛法真意，也契合现代人追求真我的态度。

此洞庭非彼洞庭

中国十大名茶之一的君山银针产自湖南省洞庭湖的君山上，而同为中国十大名茶之一的洞庭碧螺春则产自苏州市太湖的洞庭山上，二者虽然名字相似，但完全不是一个地方。

洞庭湖位于我国湖南省北部，长江荆江河段以南，它是中国第四大湖，也是第二大淡水湖，风景区内景色秀丽。虽然近年来由于泥沙淤积和人为因素的影响，致使洞庭湖水位变化不一，却也形成了特殊的“洪水一片，枯水一线”的自然景观。

洞庭湖身处平原地带，土地肥沃、雨水充足、气候温和，良好的环境让这里的生态环境与景色都十分出众，因此也形成了很多值得称赞的景点，像君山、岳阳楼、杜甫墓、屈子祠等。

君山是一个面积不足1000平方米的小岛，原名洞府山，取意神仙“洞府之庭”。相传舜帝的两个妃子娥皇、女英葬于此，屈原在《九歌》中将二人称之为湘君和湘夫人，故后人将此山改名为君山。君山素以“集奇撮胜”之地著称，它与岳阳楼遥遥相望，湖光因山色生辉，风景与名胜争妙，精彩的看点有洞庭秋月、君山银针、湘妃竹、金龟，以及铸鼎台、秦皇印、酒香亭、柳毅井、飞来钟等，都是不可错过的景致。

洞庭湖现已分割为东洞庭湖、南洞庭湖、西洞庭湖三个部分，这主要是由于泥沙淤积造成的。

苏州太湖上的洞庭山分为东、西两山，分别位于太湖的东西两侧，东山的主峰大尖顶是太湖七十二峰之一，山中主要古迹有紫金庵的宋代泥塑罗汉像、元代轩辕宫、明代砖刻门楼、依太湖而建的启园以及近代的雕花大楼等可供参观。西山有“天下第九洞天”之誉的林屋洞、明月湾、缥缈峰、包山寺等，虽然很多景致因为采石而遭到破坏，但景色仍然优美。迄今为止，洞庭东西两山的碧螺春茶仍然是全国最正宗的。

优质的君山银针

洞庭碧螺春冲泡后的茶汤

湖南名茶介绍

独特的土壤和气候条件，让湖南省孕育出很多名茶

湖南省凭借其独特的种茶条件，孕育出很多著名的茶叶，比如千两茶、黑砖茶、茯砖茶、安化松针、天尖、君山银针等，茶种包括黑茶、绿茶和黄茶。

千两茶是安化县的传统名茶，以每卷的茶叶净含量为老秤“一千两”而得名。千两茶在21世纪初风靡我国广东省以及东南亚国家，有“世界茶王”的美誉。

黑砖茶于1939年试制成功，由于成品茶色泽乌黑，形状似砖，因此得名“黑砖茶”，又因为砖面压有“湖南省砖茶厂压制”8个字，所以又称“八字砖”。

君山银针冲泡后亭亭玉立

品质独特的天尖

茯砖茶历史悠久，约在1368年问世，因为其原料送到陕西省泾阳县筑制，所以又称“泾阳砖”；因为在伏天加工，所以又称“伏茶”。

安化松针也是湖南著名的绿茶。据文献记载，自宋代开始，安化县内的芙蓉山、云台山上，茶树已经是“山崖水畔，不种自生”了。所制芙蓉青茶、云台云雾两茶曾被列为贡品。但几经历变，采制方法业已失传。

天尖属于湖南黑茶，古时安化县天尖黑茶已是专营专销，纵是一般官吏绅士、商贾名流也不能染指，平头百姓自不待言，曾经只有官僚阶层和富庶人家才能品用，民间难得一见。运用300年成熟的制作工艺，采用谷雨前后海拔700米雪峰山脉上生长的半野生半培植一级黑毛茶，经过“七星灶”独特烘焙工艺和大自然凉置工艺，造就了安化天尖。

君山银针始于唐代，清代被列为贡茶。据《巴陵县志》记载：“君山产茶嫩绿似莲心”“君山贡茶自清始，每岁贡十八斤”。清代，君山银针被纳为贡茶。

千两茶

采收地点： 湖南省益阳市安化县。

采摘时间： 一般在春季。

采摘标准： 千两茶鲜叶原料一般采用大叶种茶树，采摘标准为一芽四、五叶及成熟对夹叶，此类鲜叶制成的干毛茶一般为二级六等、三级七等、三级八等。

制作工艺： 经过破碎、筛分、发酵、蒸制、机压、烘干等工艺精制而成。

香茗品质： 千两茶外形为圆柱体，每支茶长1.5 ~ 1.65米，直径0.2米左右，净重约36.25千克。圆柱状内部有金花，色泽乌黑，汤色橙黄清澈，香气陈香持久，滋味醇厚绵长，叶底红褐。

小提示

千两茶茶味十足，滋味甜润醇厚，还能提神、解腻、清脂、促进血液循环、帮助消化，对缓解腹胀、腹泻有效，因而受到国内外消费者的青睐。

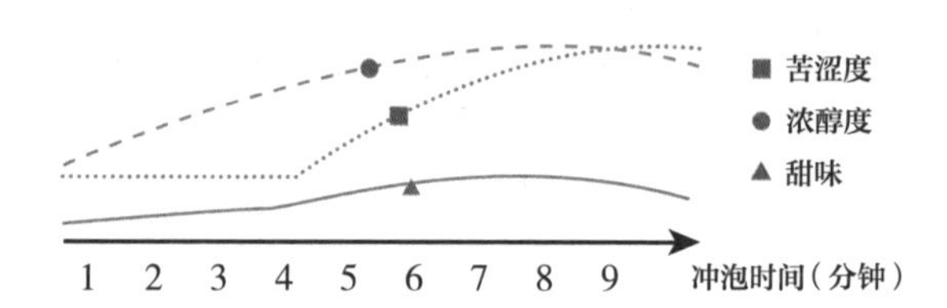

黑砖茶

采收地点：湖南省益阳市安化县等地。

采摘时间：以春季为主。

制作工艺：由毛茶经过筛分、风选、破碎、拼堆等工序制成。

香茗品质：外形砖面平整光滑，棱角分明，色泽红褐或黑褐色，汤色黄红稍褐，香气纯正，滋味较浓醇，叶底红褐。

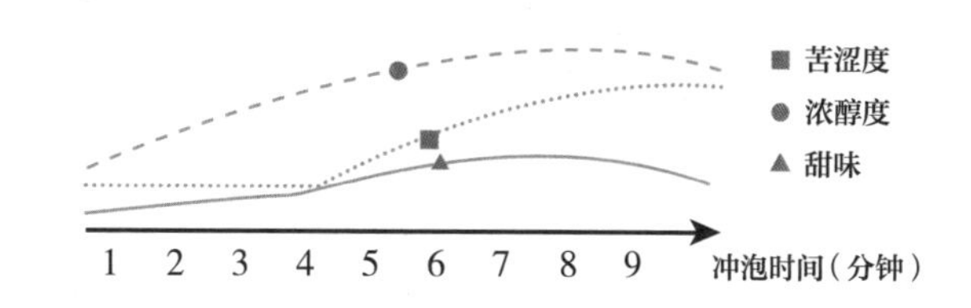

茯砖茶

采收地点：湖南省益阳市等地。

采摘时间：以春茶为主。

制作工艺：茯砖茶压制要经过原料处理、蒸汽渥堆、压制定型、发花干燥、成品包装等工序。

香茗品质：外形砖面平整，呈长方形，棱角紧结、整齐，黄褐色或黑褐色，汤色橙红，香气纯正，滋味醇和，叶底厚实。

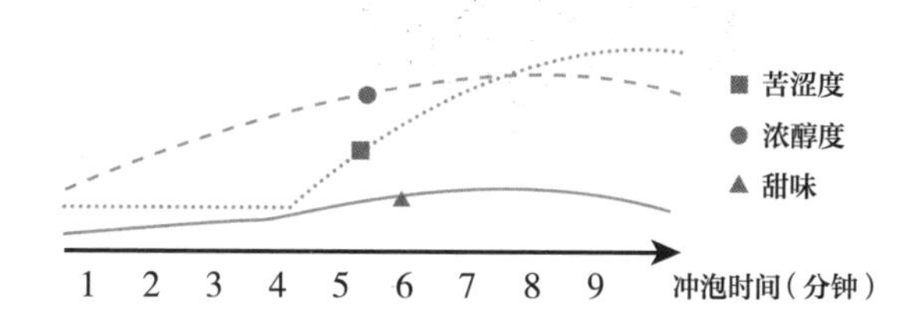

安化松针

采收地点：湖南省益阳市安化县。

采摘时间：以春茶为主。

采摘标准：采摘极为讲究，以清明前一芽一叶初展的幼嫩芽叶为主，并且要保证没有虫伤叶、紫色叶、雨水叶、露水叶。

制作工艺：经过摊放、杀青、揉捻、炒坯、摊凉、整形、干燥、筛拣等八道工序。

香茗品质：外形紧结挺直，形如松针，色泽绿翠，白毫显露，香气馥郁，汤色清澈明亮，滋味甜醇，叶底嫩匀。

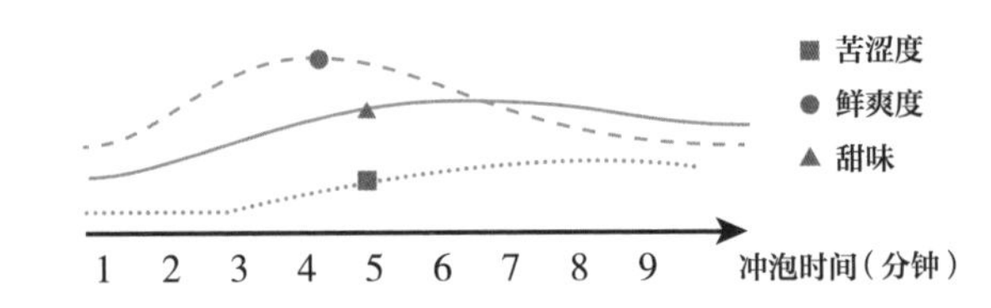

天尖

采收地点：湖南省益阳市安化县。

采摘时间：以春茶、秋茶为主。

采摘标准：以芽尖为主。

制作工艺：将鲜嫩叶杀青、揉捻、渥堆、烘焙而成。

香茗品质：外形条索紧结，较圆直，色泽乌黑油润，香气纯和且带松烟香，汤色橙黄，滋味醇厚，叶底黄褐尚嫩。

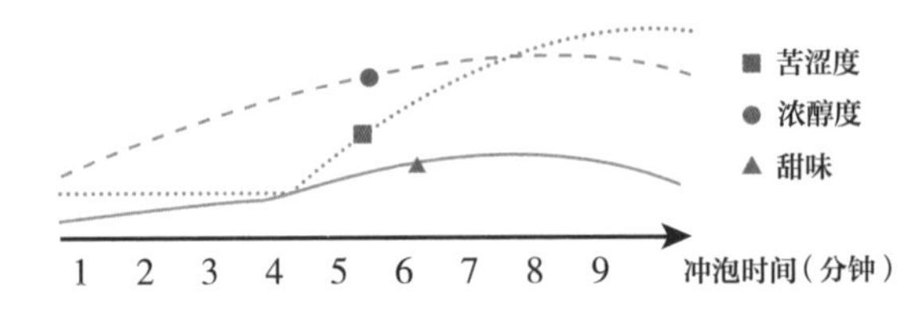

君山银针

采收地点： 湖南省岳阳市君山。

采摘时间： 采摘开始于清明前3天左右。

采摘标准： 直接从茶树上采芽头。芽头要求长25～30毫米、宽3～4毫米，芽蒂长约2毫米，肥硕重实。君山银针还有“九不采”原则，分别是雨天不采、露水芽不采、紫色芽不采、空心芽不采、开口芽不采、冻伤芽不采、虫伤芽不采、瘦弱芽不采、过长过短芽不采。

制作工艺： 经过杀青、摊凉、初烘、初包、再摊凉、复烘、复包、焙干等八道工序。

香茗品质： 外形芽头肥壮挺直、匀齐，色泽金黄光亮，香气清鲜，汤色浅黄，滋味甜爽，叶底嫩黄匀亮。

小提示

君山银针属于黄茶，在冲泡时，要注意冲泡的时间和汤色的变化。一泡的时间不宜过长，否则会影响一泡茶汤的颜色和滋味，还会影响二次冲泡。

君山银针中富含茶多酚、氨基酸、维生素等营养物质，对调理肠胃有益。

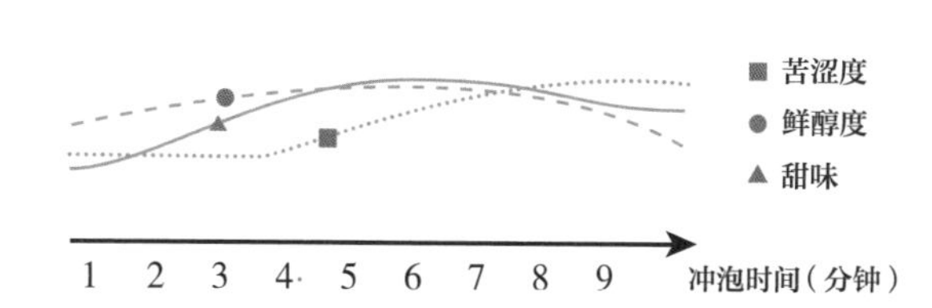

湖南名茶冲泡指南

湖南名茶主要是黑茶和黄茶，冲泡黑茶的水温要100℃，而黄茶相对低一些，在90℃左右即可。泡茶用具以铁壶和玻璃杯为主

天尖冲泡演示

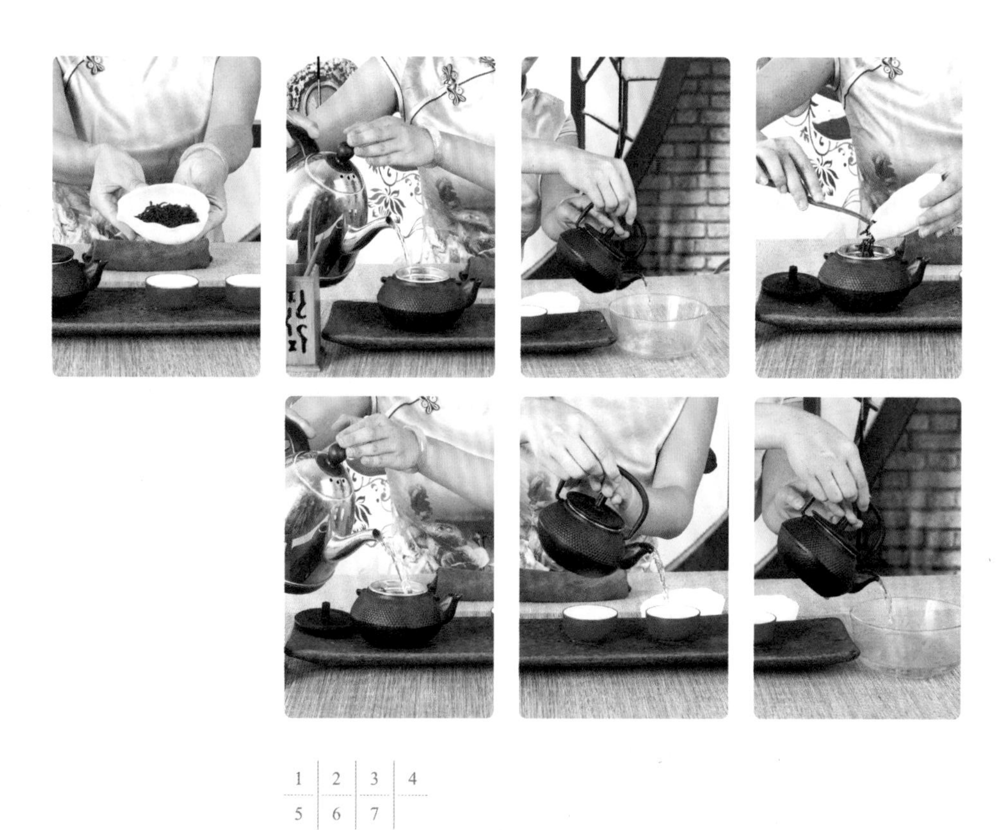

1	2	3	4
5	6	7	

1/ 赏茶： 取适量天尖干茶置于茶荷，欣赏其外形、色泽。

2/ 注水： 向铁壶中注入适量沸水。

3/ 弃水： 利用手腕力量涤荡铁壶，使其内部充分预热，然后直接将水弃入水盂中。

4/ 投茶： 用茶匙将茶荷中的天尖缓缓地拨入铁壶中。

5/ 注水： 向铁壶中注入适量沸水，没过茶叶即可。

6/ 温杯： 注水过后，迅速将铁壶中的水低斟进品茗杯中，温杯。

7/ 弃水： 温杯后，如果铁壶中还有剩余的水，则直接将铁壶中的水倒入水盂中。

小提示

无论是用铁壶冲泡茶叶还是煎煮茶叶，在使用后一定要及时清洗干净，再放到通风处晾干，否则易生锈。如长时间不用，再拿出来泡茶时，先用清水煮上几遍再用来泡茶。

8	9	10
	11	12

8/ 注水： 再次注沸水入铁壶中，浸泡茶叶。

9/ 弃水： 将温杯的水直接弃入水盂中。

10/ 擦拭： 用茶巾轻轻擦拭品茗杯底部。

11/ 斟茶： 将铁壶中的水低斟入品茗杯中。

12/ 品饮： 举杯邀客品饮茶汤。

君山银针冲泡演示

1	2	3	4
5	6	7	8

1/ 备器： 准备冲泡过程中所需茶具。

2/ 赏茶： 取适量君山银针干茶置于茶荷，欣赏其外形、色泽。

3/ 注水： 向玻璃杯中倒入适量沸水进行温杯。

4/ 温杯： 利用手腕力量摇荡杯身，使其内壁充分预热。

5/ 弃水： 温杯过后，将水弃入水盂中。

6/ 投茶： 用茶匙将茶荷内茶叶分拨入不同的杯中，注意分茶要均匀。

7/ 注水： 将85～90℃的水注入杯中至七成满。

8/ 品饮： 1～2分钟后即可品饮。

Chapter 06

欲把西湖比西子
从来佳茗似佳人

杭州市是一座有茶的城市，这里有大量的茶园、茶馆；杭州市还是一座有茶韵的城市，这茶韵就在老百姓的品位中；杭州市还是一座有茶景的城市，茶文化村、龙井问茶等都在不断地吸引人们前去游玩。

杭州大观园

“人间天堂”是古人对杭州的盛赞，“东方休闲之都”是现代杭州的符号，而渗透了千年才被加冕的“中国茶都”是杭州最真实的称号

杭州市的茶文化在宋代已久负盛名。宋吴自牧在《梦粱录》中描述：“杭州茶肆，插四时花，挂名人画，装点门面，四时卖奇茶异汤，冬月添七宝擂茶、馓子、葱茶，或卖盐豉汤，暑天添卖雪泡梅花酒，或缩脾饮暑药之属。”这些描述足以说明当时茶已经成为寻常人家的饮品。宋代《咸淳临安志》中也有记载“岁贡茶叶”的事记。可见当时宋朝南渡，建都临安，同时把茶文化也带到了杭州。

然而杭州最早的产茶记载可以从唐代茶圣陆羽的《茶经》中追溯一二,《茶经》中描述“钱塘天竺、灵隐寺二寺产茶”,可见在唐代杭州就有茶生产。在《西湖游览志》中记载有“老龙井产茶,为两山绝品。郡志称宝云、香林、白云诸茶,未若龙井茶之清馥隽永也”。可见当时的杭州茶开始被列为珍品。

乾隆下江南时,曾经到胡公庙,细细品龙井茶后,对其称赞不绝,并亲自将胡公庙前的十八棵龙井茶树列为御茶,从此杭州龙井开始冠绝天下。

杭州的产茶条件

作为风景旅游城市,到杭州品龙井也成为独特而不可或缺的旅游项目。龙井为这座历史文化名城增添了浓墨重彩的一笔。

杭州市位于中国东南沿海、钱塘江下游、京杭大运河的南端,是浙江省的省会,集浙江省政治、经济、文化、金融于一体,也是中国七大古都之一。

杭州市有“人间天堂”的美誉,以风景秀丽著称于世。杭州市处于亚热带季风区,这里四季分明,年平均气温在17℃,年降水量达1000多毫米,雨量充沛,这样的气候条件适合茶树的生长。

杭州产茶的地方主要集中在狮峰山、龙井村、灵隐、五云山、虎跑和梅家坞一带。这里地势北高南低,山峦重叠、林木葱葱,既能阻挡北来的严寒,又能截住南方的暖流。茶区周边有优质的水源和形成屏障的山林,为茶叶的生产提供了得天独厚的自然条件。

千岛湖

寻一杯千岛玉叶

千岛湖位于我国浙江省淳安县，是世界上岛屿最多的湖。风景区内群山绵延、湖水清澈，堪称奇观。在2009年，千岛湖更是以1078个岛屿入选“世界上岛屿最多的湖”，创造了世界之最。

这里出产的千岛玉叶清香持久、色泽绿润、滋味清爽回甘，为中国的绿茶文化添了一杯羹。

西湖

西子湖畔品香茗

杭州西湖，位于我国浙江省杭州市，因其秀丽的湖光山色和众多的名胜古迹而闻名中外。也因为白娘子与许仙的传说使它拥有了更多的浪漫色彩。

赏游西湖，可以在湖畔品饮西湖龙井，“欲把西湖比西子，从来佳茗似佳人”，在湖畔雕梁画栋的茶舍里，品饮一杯龙井茶，不仅能为劳累的旅途增加乐趣，还能感受茶的雅韵与清香。

养生茶饮

桂圆龙井茶

材　　料：桂圆肉15克，龙井茶3克。

做　　法：将桂圆肉置于锅中，加盖蒸30分钟。将龙井茶用沸水泡3分钟后去渣取汁，趁热将茶汁冲入桂圆肉内即可。

养生功效：补气养血，镇静安神。

蒲公英龙井茶

材　　料：龙井茶3克，蒲公英10克。

做　　法：将材料放于茶壶中，用沸水冲泡即可。

养生功效：清热消炎，利喉消肿。

龙井问茶

寻茶的好去处

龙井问茶位于龙井村内，是西湖龙井的主要产地。爱茶之人可以深入其境，体验龙井茶的采摘、制作，品味自己亲自采制的龙井茶。

龙井之“贵”

西湖龙井因产于中国杭州市西湖而得名，居中国十大名茶之首。“龙井”既是地名，也是泉名和茶名。

龙井之“贵”，一在于时间，二在于地点。

“玉髓晨烹谷雨前，春茶此品最新鲜”。清明前采摘的龙井称为明前龙井，被誉为“女儿红”；清明后到谷雨前采摘的龙井称为雨前龙井。虽然明前龙井价格更高，但明前龙井和雨前龙井各有拥趸，南方人较推崇明前龙井，而北方人则喜欢浓郁的雨前龙井。

杭州市的龙井茶可以分为西湖龙井、钱塘龙井、浙江龙井和其他龙井。

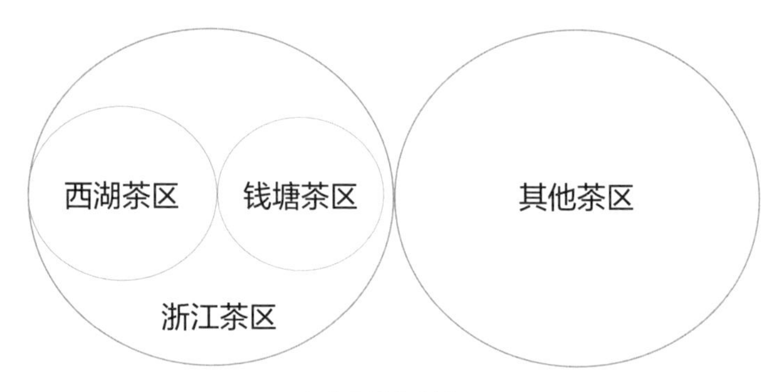

龙井茶区关系图

西湖龙井是指在杭州市西湖茶区内的龙井茶，主要的核心产区是狮峰山、翁家山、虎跑、梅家坞、云栖等，这里的气候、温度、土壤等让龙井茶口感比其他产区更加丰富。但核心产区的龙井茶产量少，自古以来就只有少部分人能喝到，市场上出售的基本不是核心产区的西湖龙井。

钱塘龙井是杭州市西湖茶区的外延，比如富阳市、建德市以及杭州市萧山区和余杭区等，钱塘龙井虽然是西湖龙井的延伸，外形、口感与西湖龙井却有一定差距。原因主要在于制作的技艺，钱塘龙井的制作技艺传自西湖龙井，但在传的过程中会因为风俗和习惯发生变化。还有一个原因是钱塘龙井的生长环境和西湖龙井不同，西湖被称为杭州市的“肺”，这里的空气质量是钱塘地区所没有的，对茶树本身的影响也很大。

浙江龙井指的是浙江省境内的龙井茶，包括温州市、金华市、绍兴市、丽水市等地的龙井茶，因为茶树生长环境不同，各有特色又相对混乱，很多茶叶都用来做拼配茶。

其他龙井是指地处浙江省外其他地方产的龙井茶，比如山东省很多地方引进了龙井43号（龙井的茶树品种），模仿龙井茶的炒制，在市场上也得到了认可。

“欲说还休”的西湖龙井

“欲把西湖比西子，从来佳茗似佳人”是苏东坡用来赞美“茶”的对联，应情应景，上联出自《饮湖上初晴雨后》的“欲把西湖比西子，淡妆浓抹总相宜”，下联出自《次韵曹辅寄壑源试焙新芽》的“戏作小诗君勿笑，从来佳茗似佳人”。上联描绘了西湖雨后的春色，以佳人颦笑风韵喻美景，下联则以佳人喻茶香远韵长、温润醇和。

女子之美，向来被文人骚客所喜，文人才子们向来不吝笔墨，将女子的姿色、神韵、情怀用诗词曲赋、典籍文书喻以百花、明月、流水、珠玉、凝脂……而以茶喻女子，更尽显其神，古时就有女子取小名为“小茶”“茶茶”等，取茶之韵而喻女子之风韵。

西子湖畔，在春雨如丝的午后，独坐在临水而建的亭台楼阁中，以虎跑泉水冲泡一杯陈碧凝香的龙井茶，极目处是如诗如画的春色，美景悦人心目，佳茗润人心肺。

杭州名茶介绍

杭州市的名茶除了声名远播的西湖龙井，还有西湖区的九曲红梅、余杭区的径山茶、淳安县的千岛银针等，都是不可多得的好茶

杭州名茶

杭州是一座有着茶韵的城市，这茶韵由老百姓在历史的长河中慢火烘焙而来。早在宋代，杭州就有以卖茶为主业的茶商，而茶坊更是遍布全杭州。在杭州闹市区的清河坊上，有很多大的茶坊；在街头巷尾，更有担茶来卖的小贩。

如今，城市的节奏在加快，但能让人静下心来喝茶的茶馆依然遍布在各个街头。据统计，杭州大大小小的茶馆共有700余家，杭州的茶馆正在演变成一种时尚。

西湖龙井干茶

优质的九曲红梅干茶

杭州的茶馆很多都是临湖而建，透过窗户，手持一杯香茗，将西湖的美景尽收眼底，从而能体会淡泊、回归自然的恬静美好。

西湖龙井产于杭州市西湖区行政区域和西湖风景名胜区内。西湖龙井位列我国十大名茶之首，具有1200多年历史，西湖龙井之名始于宋，闻于元，扬于明，盛于清。由于国家积极扶持，龙井被列为国家外交礼品茶。

千岛玉叶，原称千岛湖龙井。1982年创制，1983年7月浙江农业大学教授庄晚芳等茶叶专家到淳安县考察，品尝了当时的千岛湖龙井后，根据千岛湖的景色和茶叶粗壮、有白毫的特点，亲笔提名“千岛玉叶”。

径山镇产茶区属亚热带季风气候，温和湿润，雨量充沛，年均气温16℃，年降水量1837毫米，年日照1970小时，无霜期244天。径山镇产茶历史悠久，始于唐，闻于宋。南宋时，日本南浦昭明禅师来到中国，在径山寺研究佛学。归国时带去径山茶种和饮茶器皿，并把碾茶法传入日本。

灵山生产“九曲红梅”已有百余年的历史。据说太平天国时期，福建省武夷农民纷纷向浙北迁徙，在灵山一带落户，开荒种粮、栽茶，以谋生计。南来的农民中有的善制红茶，所制红茶被杭州城茶行、茶号收购，沿袭至今。

西湖龙井

采收地点：浙江省杭州市，以“狮（峰）、龙（井）、云（栖）、虎（跑）、梅（家坞）”排列品第。

采摘时间：西湖龙井采摘时间很有讲究，以早为贵，有“早采三天是宝，晚采三天是草”的说法。一般在清明前和谷雨前两个时段采摘，清明前采摘的龙井称为明前龙井，谷雨前采摘的龙井称为雨前龙井。

采摘标准：西湖龙井的采摘以细嫩著称，以采摘的嫩度不同分为莲心、雀舌、旗枪：采摘芽心被称为莲心，一芽一叶称为雀舌，一芽二叶初展称为旗枪。

制作工艺：经过鲜叶采摘、晾晒、炒制等工序。传统的龙井茶炒制有十大手法，分别是：抛、抖、搭、煽、搨、甩、抓、推、扣和压磨，不同品质的茶叶有不同的炒制手法。

香茗品质：外形嫩叶包芽，扁平挺直，匀齐光滑，色泽翠绿、微带嫩黄光润，汤色清澈明亮，香气清高持久，滋味甘鲜醇厚，有新鲜橄榄的回味，叶底嫩匀成朵。

小提示

以一级产区所产龙井最佳，一级产区包括：狮峰山、龙井村、云栖、虎跑、梅家坞；二级产区次之，二级产区为除一级产区外的西湖龙井茶区。

■ 苦涩度
● 鲜爽度
▲ 甜味

1 2 3 4 5 6 7 8 9 冲泡时间（分钟）

径山茶

采收地点：浙江省杭州市余杭区径山镇。

采摘时间：在谷雨前后。

制作工艺：经过通风摊放、高温杀青、理条整形、精细揉捻、炭火烘干等工序制作而成。

香茗品质：外形条索纤细、稍卷曲，芽锋显露，色泽翠绿，略带白毫，清香持久，汤色清澈明亮，滋味鲜醇。

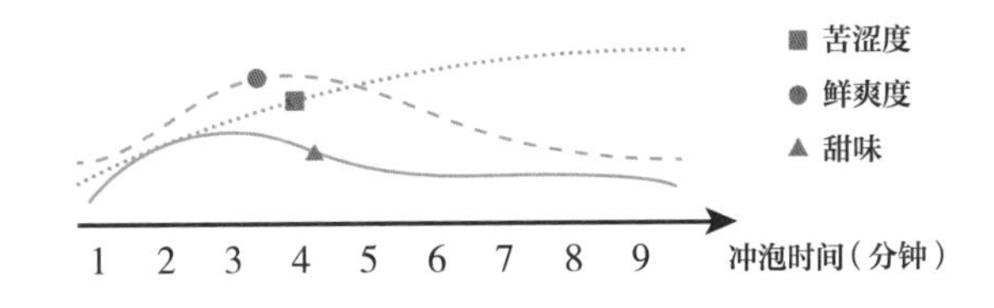

千岛玉叶

采收地点：浙江省杭州市千岛湖一带。

采摘时间：一般在清明前后采摘。

制作工艺：经过杀青做形、筛分摊凉、辉锅定型、筛分整理等工序。

香茗品质：外形扁平挺直，绿翠露毫，芽壮显毫，翠绿嫩黄，香气清香持久，汤色黄绿明亮，滋味醇厚鲜爽，叶底嫩绿成朵。

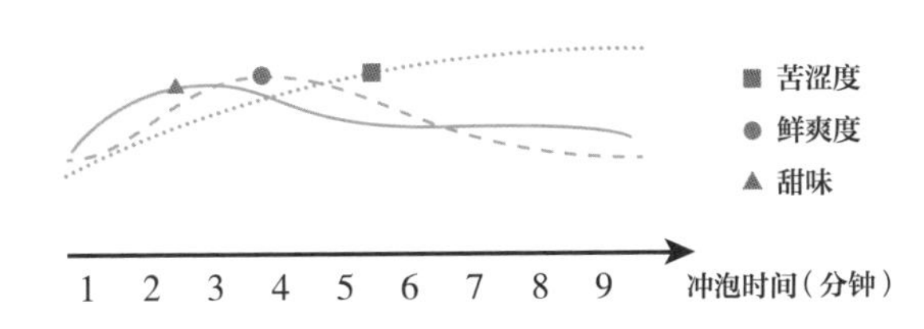

九曲红梅

采收地点： 杭州市西湖区双浦镇所产品质最佳。

采摘时间： 以谷雨前后最佳。如果清明前后开园采摘，茶叶品质较差。

采摘标准： 一般采摘一芽二叶初展为主。

制作工艺： 经过采摘、杀青、发酵、烘焙等工序。

香茗品质： 外形条索紧细弯曲，色泽乌润，满披金毫，香气馥郁，汤色鲜亮，滋味浓郁，叶底红艳成朵。

小提示

九曲红梅的储存方法：将茶叶置于低温、干燥、无氧、不透光的环境下储存即可，切勿与他物放置一起，储存容器需无异味，否则茶会变质。

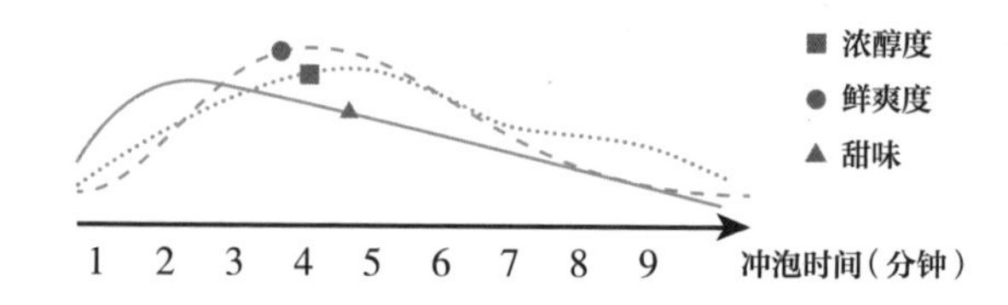

杭州名茶冲泡指南

杭州名茶以绿茶为主，适合用玻璃杯或玻璃壶冲泡，也可以选择白瓷盖碗冲泡，冲泡的水温最好控制在80～85℃

西湖龙井冲泡演示

1	2	3	4
5	6	7	8

小提示

冲泡西湖龙井最适合选用无纹路的玻璃杯，能很好地欣赏茶叶在水中的舞姿。如要用紫砂或瓷质茶具冲泡，一定不能长时间闷泡，否则色、香、味俱失。

1/ **备器**：准备玻璃杯和其他所需茶具，同时择水备用。

2/ **赏茶**：欣赏西湖龙井干茶的色泽和外形。

3/ **温杯**：向玻璃杯中注入80～85℃的水温杯，约至杯1/3满。

4/ **弃水**：温烫杯身后将水弃入水盂中。

5/ **注水**：注水至杯1/3满，西湖龙井适合用中投法泡茶。

6/ **投茶**：用茶匙将茶叶拨入玻璃杯中。

7/ **摇香**：同温杯一样，利用手腕力量摇动杯身，唤醒茶香。

8/ **品饮**：凤凰三点头（提壶注水上下拉伸三次，寓意凤凰点头，对客人表达敬意）至杯七成满，即可品饮。

Chapter 07

黄山归来品香茗

古籍中曾提及，“天下名山，必产灵草，江南地暖，故独宜茶”。黄山产茶历史悠久，黄山毛峰、太平猴魁、祁门红茶都是历史名茶，至今仍深受人们喜爱。

黄山大观园

黄山位于安徽省南部黄山市境内，是著名的旅游景点，中国十大名山之一，优越的自然条件孕育了黄山毛峰、太平猴魁、金山时雨等品质优秀的好茶

黄山峰岩青黑，远远望去，颜色如黛，而且非常苍阔，是中国5A级旅游景区，有着“天下第一奇山”的美称。

黄山不仅有丰富的植物资源，如数量众多的国家一二级保护植物物种，还有种类繁多的国家重点保护动物。此外，黄山的矿物资源也非常丰富，包括金属类和非金属类等众多稀有矿物资源。

除了旅游资源和生物资源，黄山的茶叶也是一大特点，黄山茶可追溯到1200年前的盛唐时代，而到了明代，黄山茶已独具特色、声名鹊起。如今，黄山出产的黄山毛峰为中国十大名茶之一，享誉海内外。

黄山的产茶条件

被誉为“天下第一奇山”的黄山，原名黟山，后因传说黄帝在这里采药炼丹得道升天，改其名为黄山。它是我国著名的旅游景点，山川壮丽、风景迷人是它的主要特点。这里年均气温8℃，属亚热带季风气候，适合避暑游玩。

黄山群峰林立，有七十二峰，素有“三十六大峰，三十六小峰”之称，主峰莲花峰海拔高达1864.8米，与平旷的光明顶、险峻的天都峰一起，有机地组合成了一幅气势磅礴、令人叹为观止的立体画面。就连著名的地理学家徐霞客都曾说：“五岳归来不看山，黄山归来不看岳。”可见他对于黄山的喜爱，也从侧面说明了黄山的魅力。

整个黄山地区山高谷深，层峦叠嶂，植被覆盖率高，物种丰富，为茶树的生长提供了天然的有利条件。

此外，黄山的岩峭陡坡能遮挡阳光，茶区内的土壤松软，排水透气性良好，这些都为茶树的生长提供了很好的地理条件。因此，黄山茶叶肥厚多汁，经久耐泡，再加上山上兰花花香的熏染，使得茶叶格外清香。

黄山

黄山景区

十大名茶的盛产地

黄山市有以世界文化与自然双重遗产著称的黄山，这里风景优美、产茶丰富。黄山景区内的迎客松是黄山最著名的标志，每年吸引着成千上万的游客来此观赏。景区内的光明顶——黄山的第二高峰，是看日出、观云海的极佳地点，因此吸引了无数人来此观看日出日落。

黄山还盛产中国名茶，如黄山毛峰、祁门红茶等中国出名的绿茶、红茶品种。

祁门县

出产世界级红茶

祁门产茶区自然条件优越，适宜茶树的生长，所以这里出产的祁门红茶享誉全世界。

歙（Shè）县

名茶茗县

歙县是我国产茶的重点县之一，这里的茶叶品质优异，如传统名优绿茶老竹大方、黄山毛峰等都产自这里，同时还有创新名茶如黄山银钩、黄山绿牡丹等，这些创新名茶采用现代制茶技术，让品质别具一格。

同时，这里还出产花茶，如高档花茶茉莉魁针、顶谷大方等，保留了花的馥郁和茶的清香，远近闻名。

黄山

茶道

黄山人习茶，有一套系统的礼规，名为“黄山茶道”。当地人讲究以茶立德，以茶陶情，以茶会友，以茶敬宾，并注重环境、气氛，追求汤清、气清、心清，以及境雅、器雅、人雅。

养生茶饮

甘草茶

材　　料：甘草5克，祁门红茶6克，冰糖适量。

做　　法：将甘草与红茶一起放入锅中，加适量水煎煮10分钟，加入冰糖即可。

养生功效：止咳平喘。

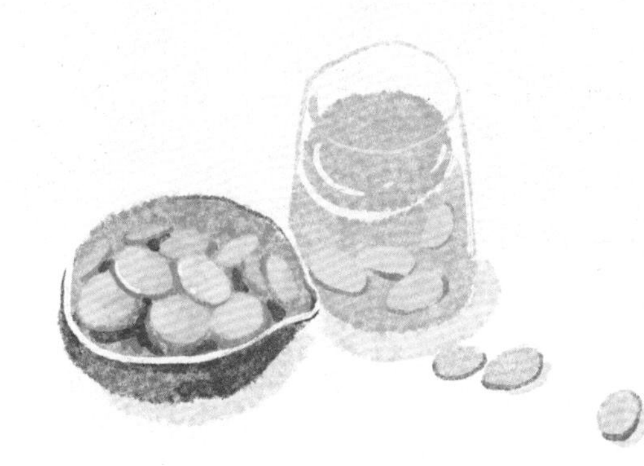

休宁县

松萝香气盖龙井

休宁县位于安徽省的最南端，号称“中国第一状元县”，从南宋到清末这里共出了19名文武状元，夺得全国鳌头。

其境内的松萝山山势险峻、连绵数里，这里出产的松萝茶（即休宁松萝）品质优异，古人对其有“松萝香气盖龙井”的赞辞。

黄山名茶介绍

黄山凭借得天独厚的自然条件，出产了多种优异的茶叶品种

黄山名茶

黄山茶又称徽茶，有着悠久的历史，相传早在东晋时，黄山一些寺庙、禅院中的僧侣就开始种植茶树。

到了唐代，黄山已经开始生产茶叶，并作为主要产业。唐代陆羽在《茶经》中划分全国产茶地为八大茶区，其中就有歙州产区（今歙县）。唐大中五年（公元851年），歙州刺史李敬方写下了“龙讶经冬润，莺疑满谷暄。善烹寒食茗，能变早春园”的诗句，记述了黄山人用温泉水煮饮黄山茶的习俗。

随着技术的不断发展，黄山茶不仅在制作工艺上有很大提高，品种也日益增多。明代许

清明时节的黄山毛峰

次纾的《茶疏》记载："天下名山，必产灵草，江南地暖，故独宜茶。……若歙之松萝，吴之虎丘，钱塘之龙井，香气浓郁，并可雁行，与岕（jiè）颉颃，往郭次甫亟称黄山……"说明黄山茶在明代已经很有名了。

清乾隆至道光的百余年中，是黄山茶的兴盛时期，光绪年间，"黄山毛峰""太平猴魁"等名茶品牌逐步形成。

黄山毛峰为黄山茶的代表品种，是中国十大名茶之一，由清代光绪年间谢裕大茶庄所创制，由于新制茶叶白毫披身，芽尖锋芒，因此得名"黄山毛峰"。黄山毛峰按品质高低可分为六个等级：特级一等、特级二等、特级三等和一、二、三级。

太平猴魁为中国传统名茶，属尖茶极品。2004年，太平猴魁在中国国际茶业博览会上获得"绿茶茶王"称号。其品质按传统分法分为：猴魁为上品，魁尖次之，再次为贡尖、天尖、地尖、人尖、和尖、元尖、弯尖等传统尖茶。

太平猴魁茶汤

祁门红茶简称"祁红"，创制于1875年前后，是中国历史名茶，红茶中的精品有着"群芳最""红茶皇后"等美誉。祁门红茶按品质可分为礼茶、特茗、特级、一级、二级、三级、四级、五级、六级、七级。

松萝山在唐代就有产茶的记载，而松萝茶的盛名远播是在明代。明代冯时可的《茶录》记载："徽郡向无茶，近出松萝茶，最为时尚。是茶，始比丘大方，大方居虎丘最久，得采造法。其后于徽之松萝结庵，采诸山茶于庵焙制，远迩争市，价倏翔涌，人因称松萝茶，实非松萝所出也。是茶，比天池茶稍粗，而气甚香，味更清，然于虎丘，能称仲，不能伯也。”

顶谷大方创制于明代，清代已入贡茶之列。大方茶相传被一比丘（和尚）大方始创于歙县老竹岭，故称为“老竹大方”，距今已有400余年。

金山时雨为上品绿茶，创名于清道光年间，原名“金山茗雾”，为朝廷贡品，由上庄镇的金山村出产；“时雨”是皖南一种名茶的代名词，因此品名“金山时雨”。

此外，黄山市内还拥有珠兰花等历史悠久、品质优异的茶叶，在休宁县里还有近期崛起的祁红“三剑客”，分别是黄山金毫、祁红香螺、祁红毛峰。

养生茶饮

陈皮绿茶

材　　料：陈皮3克，绿茶5克。

做　　法：用沸水冲泡绿茶和陈皮即可。

养生功效：润肺消炎，理气止咳。

黄山毛峰

采收地点：安徽省黄山一带。

采摘时间：在清明前后采摘，也可在谷雨前后采摘。为了保质保鲜，要求上午采，下午制；下午采，当夜制。

制作工艺：包括采摘、杀青、揉捻、干燥烘焙、拣剔等五道工序。

香茗品质：外形细嫩，芽肥壮、匀齐，有峰毫，形似“雀舌”，色泽嫩绿、金黄油润，茶汤色清澈、杏黄明亮，香气清鲜高长，滋味甘醇鲜爽，叶底嫩黄，芽叶肥壮成朵。

小提示

虽名字中有『黄山』二字，但并不是黄山所有地区产的毛峰都是优质的。其中，富溪乡产的毛峰品质最佳。

■ 苦涩度
● 鲜爽度
▲ 甜味

1 2 3 4 5 6 7 8 9 冲泡时间（分钟）

太平猴魁

采收地点： 安徽省黄山市黄山区一带。

采摘时间： 一般在谷雨前后采摘，采摘时间不要超过立夏时节。一般上午采、中午拣，当天制完。

采摘标准： 谷雨前后，当20%芽梢长到一芽三叶初展时，即可开园采摘，其后三四天采一批，到立夏便停采。立夏后改制尖茶，采摘标准为一芽三叶初展，并严格做到“四拣”：一拣山，拣高山、阴山、云雾笼罩的茶山；二拣丛，拣树势茂盛的柿大茶品种的茶丛；三拣枝，拣粗壮、挺直的嫩枝；四拣尖，采回的鲜叶要进行“拣尖”，即折下一芽带二叶的“尖头”，作为制猴魁的原料。“尖头”要求芽叶肥壮，匀齐整枝，老嫩适度，叶缘背卷，且芽尖和叶尖长度相齐，以保证成茶能形成“二叶抱一芽”的外形。

制作工艺： 包括杀青、毛烘、足烘、复焙等四道工序。

香茗品质： 外形两叶抱芽，扁平挺直，自然舒展，叶色苍绿匀润，叶脉绿中隐红，兰香高爽，滋味醇厚回甘，汤色清绿明澈，叶底嫩绿匀亮，芽叶肥壮成朵。

小提示

太平猴魁茶汤有一定的消炎杀菌作用，但长期饮用较浓的茶会导致黄牙。此外，如果饮用凉掉的茶容易造成痰多不适。

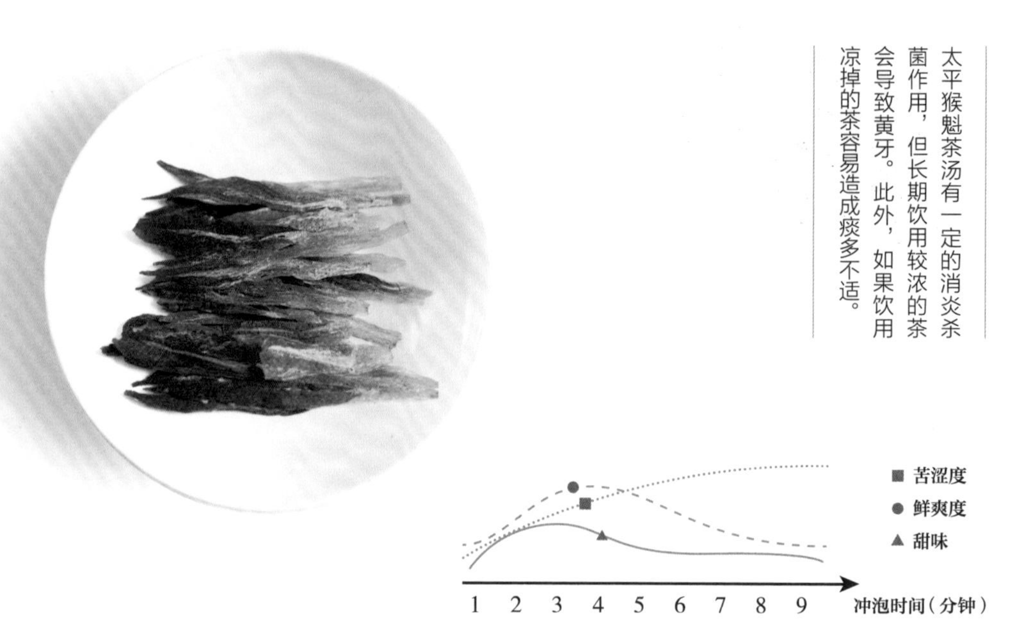

金山时雨

采收地点：安徽省黄山一带。

采摘时间：在清明前后采制，也可在谷雨前后采制。为了保质保鲜，要求上午采，下午制；下午采，当夜制。

制作工艺：包括采摘、杀青、揉捻、干燥烘焙、拣剔等五道工序。

香茗品质：外形芽头肥壮、匀齐显毫，汤色嫩黄绿、清澈明亮，香气馥郁持久，滋味鲜爽回甘，叶底嫩匀绿亮。

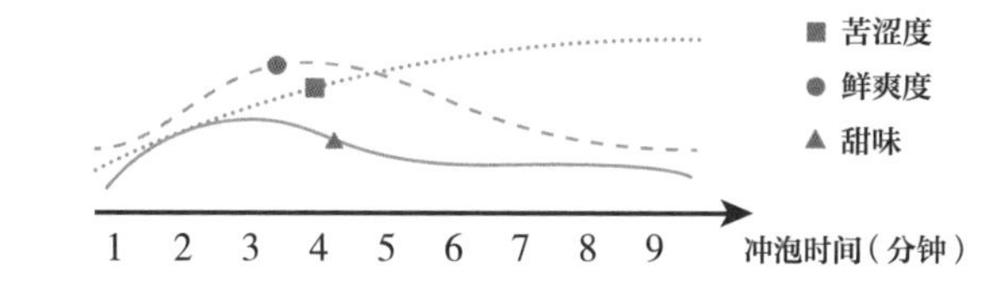

休宁松萝

采收地点：安徽省休宁县。

采摘时间：一般在谷雨前后十天左右采摘。

制作工艺：包括杀青、初烘、烘焙、复焙等四道工序。

香茗品质：外形条索紧卷匀壮，色泽绿润，香气高爽，滋味浓厚，带有橄榄香味，汤色绿明，叶底绿嫩。

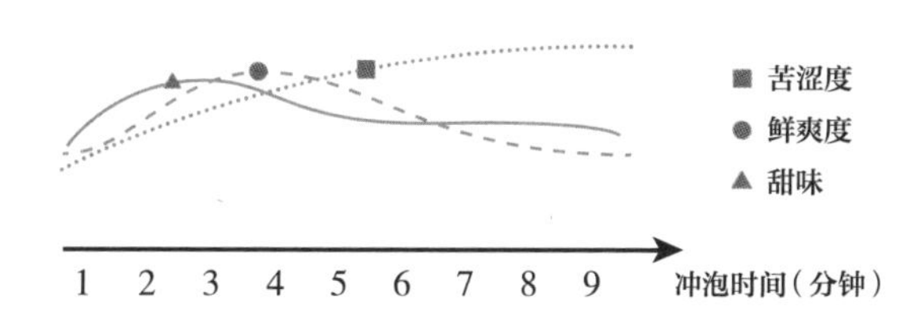

祁门红茶

采收地点： 以安徽省祁门县为主。

采摘时间： 分春、夏采摘。春茶采摘6～7次，春采很重要，祁门红茶最顶级的茶叶基本都是这个时期采摘的；夏茶采摘6～7次，品质比春茶稍差。

采摘标准： 采摘标准比较严格，以一芽一、二叶为主，一般均是一芽三叶及相应嫩度的对夹叶。

制作工艺： 经过萎凋、揉捻、发酵、干燥等多道工序精制而成。

香茗品质： 外形条索紧秀，色泽乌黑光亮，香气浓郁高长，似蜜糖香，又蕴藏有兰花香，味道醇厚、回味悠长，汤色红艳。

小提示

新茶刚采摘回来，由于存放时间短，茶叶含有较多未经氧化的多酚类、醛类及醇类等物质，这些物质对胃肠功能差的人，尤其对本身就有慢性胃肠道炎症的人来说，会刺激胃肠黏膜。因此不宜多喝新茶。

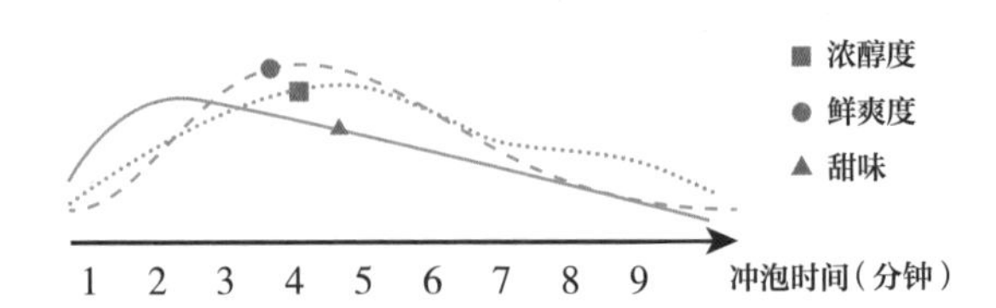

祁红香螺

采收地点：安徽省黄山市休宁县茗州村一带。

采摘时间：采摘一芽二叶、无老梗、无余叶的鲜叶为原料，春季采摘，现采现制。

制作工艺：包括采摘、萎凋、揉捻、发酵、做形、干燥等工序。

香茗品质：外形卷曲如螺，色泽乌黑发亮，汤色红亮，蕴藏甜香。

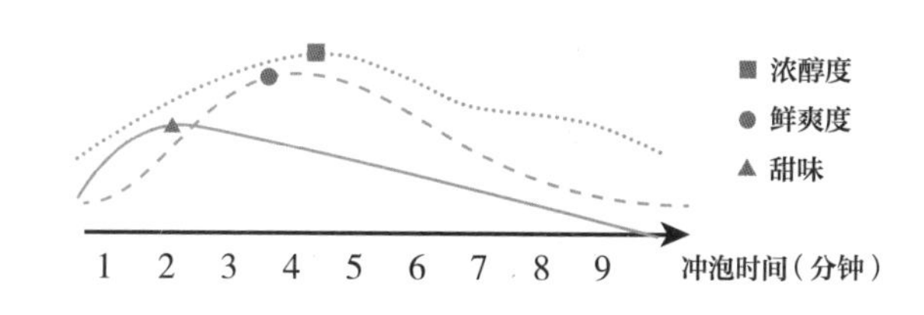

黄山金毫

采收地点：安徽省黄山市休宁县茗州村一带。

采摘时间：以清明前的芽尖作为原料。

制作工艺：包括采摘、萎凋、揉捻、发酵、做形等工序。

香茗品质：干茶苗秀且显金毫，带有黄金叶，香气似果香又带兰花香，滋味醇厚。

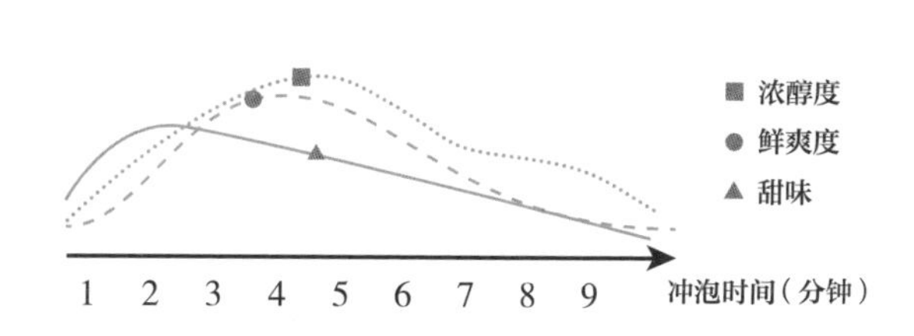

祁红毛峰

采收地点： 安徽省黄山市休宁县茗州村一带。

采摘时间： 在清明前后采摘。

制作工艺： 以一芽一叶或一芽二叶为原料，经过萎凋、揉捻、发酵等工序制作。

香茗品质： 外形条索紧结，色泽乌润，香气清香持久，滋味鲜醇。

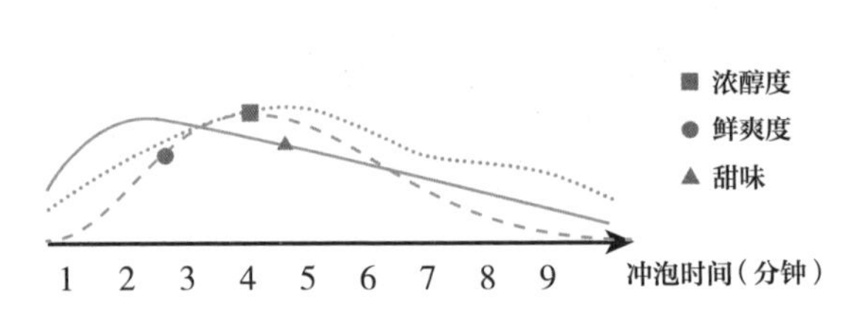

小提示

祁门红茶是一个统称，按原料和工艺的不同，可以分为传统工艺的祁红工夫茶和近代新创的祁红香螺、祁红毛峰、黄山金毫，以及一些新工艺祁红。

中国十大名茶中提到的祁红一般是指传统工艺的祁红工夫茶，而祁红『三剑客』包括黄山金毫、祁红毛峰、祁红香螺。祁红工夫茶主要产地在安徽省祁门县，祁红『三剑客』主要产地在安徽省休宁县。

黄山金毫被称为祁红『三剑客』之首；祁红毛峰向来以外形苗秀、色泽有『宝光』、香气浓郁而享誉国内外，产地在休宁县茗州村。祁红香螺是祁红品种中的新名茶，产地也在茗州村；因为制作过程中结合了休宁松萝的制作工艺，所以制出来的干茶外形酷似松萝茶，故而得名『祁红香螺』。

祁门红茶
- 新创祁红
  - 祁红香螺
  - 黄山金毫
  - 祁红毛峰
- 祁红工夫茶

祁门红茶关系图

珠兰花茶

采收地点：以安徽省黄山市歙县为主。

采摘时间：主要是每年夏季采摘，宜在清晨采摘。

制作工艺：包括鲜花护理、茶坯处理、配花和窨制、干燥和储藏等工序。

香茗品质：外形条索扁平匀齐，含芽头，似竹叶，色泽乌绿油润，汤色清澈明亮，香气清鲜幽长，滋味鲜醇回甘，叶底柔软嫩亮。

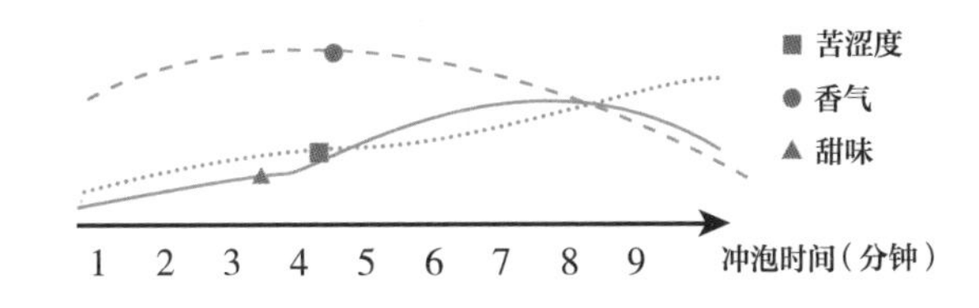

顶谷大方

采收地点：以安徽省黄山市歙县的竹铺、金川、三阳等地为主。

采摘时间：采摘分春、夏、秋三个批次，春茶品质最佳，夏茶、秋茶次之。

制作工艺：经过杀青、揉捻、做坯、拷扁、辉锅等五道工序精制而成。

香茗品质：外形扁平匀齐、挺秀光滑，翠绿微黄，色泽稍暗，汤色清澈微黄，香气高长、有板栗香，滋味醇厚爽口，叶底嫩匀，芽叶肥壮。

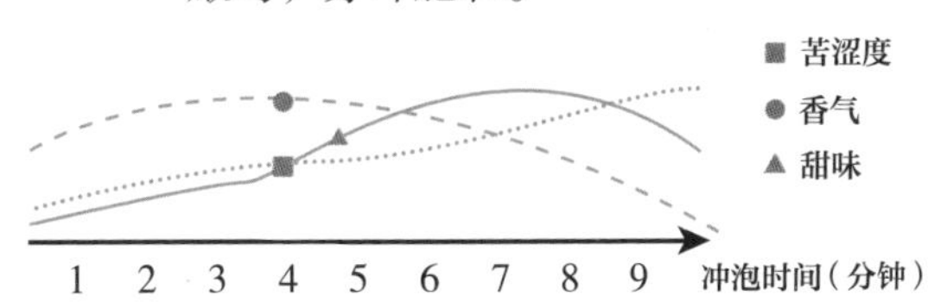

黄山名茶冲泡指南

黄山名茶以绿茶为主，也有红茶。冲泡绿茶可用玻璃杯、盖碗、飘逸杯等；冲泡红茶可用紫砂壶等

黄山毛峰冲泡演示

1 2 3 4
5 6 7

1/ 备器：准备冲泡过程中所需茶具。

2/ 赏茶：取适量干茶置于茶荷，欣赏干茶。

3/ 温杯：向飘逸杯中注入适量沸水，进行温杯。

4/ 弃水：温杯后将温杯用水弃入水盂中。

5/ 投茶：将茶荷内茶叶拨入飘逸杯中。

6/ 注水：将85～90℃的水倒入飘逸杯中。

7/ 出汤：1～3分钟后，按下按钮，让茶汤流入飘逸杯底部，将飘逸杯中茶汤倒入品茗杯或玻璃杯中即可饮用。

太平猴魁冲泡演示

1	2	3	4
5	6	7	8

1/ 备器： 准备冲泡过程中所需茶具。

2/ 赏茶： 取适量太平猴魁干茶置于茶荷，欣赏其外形、色泽。

3/ 注水： 向玻璃杯中倒入适量沸水进行温杯。

4/ 温杯： 双手拿杯，转动杯身，充分预热内壁。

5/ 弃水： 将温杯用水弃入水盂中。

6/ 投茶： 将茶荷中茶叶用茶夹慢慢夹入玻璃杯中。

7/ 注水： 将85～90℃的水注入杯中至七成满。

8/ 品饮： 1～2分钟后即可品饮。

祁门红茶冲泡演示

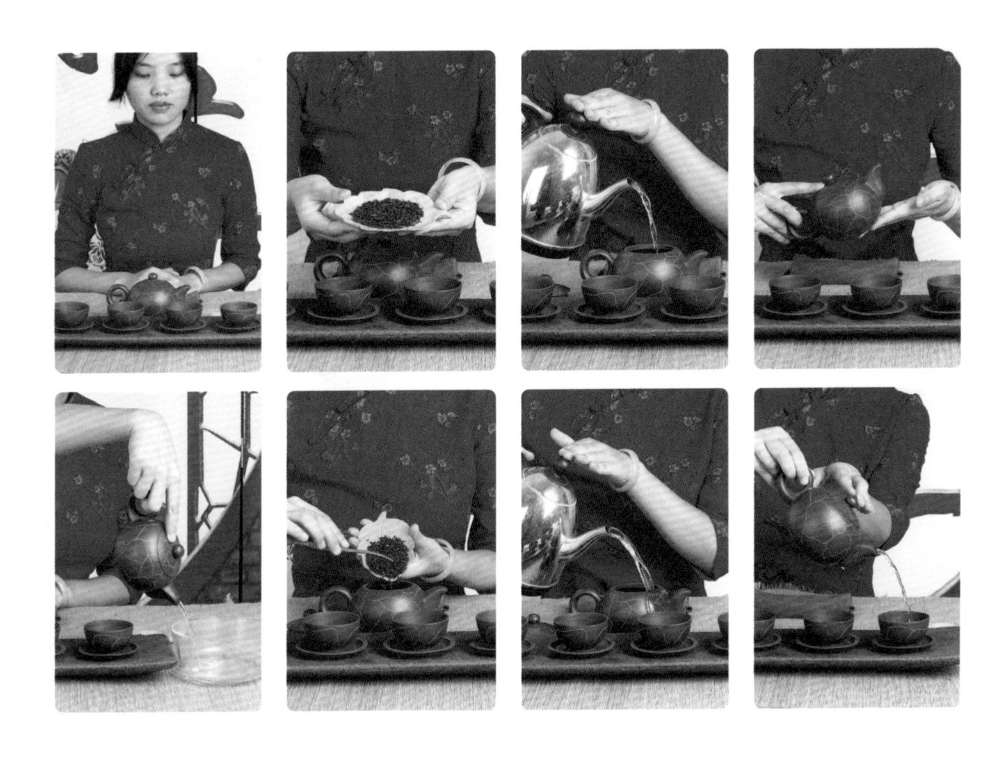

1	2	3	4
5	6	7	8

1/ 备器：准备冲泡过程中所需茶具。

2/ 赏茶：取适量祁红干茶置于茶荷，欣赏其外形、色泽。

3/ 注水：向紫砂壶中注入适量沸水。

4/ 温壶：利用手腕力量摇动壶身，使其内部充分预热。

5/ 弃水：将温壶的水直接弃入水盂中。

6/ 投茶：用茶匙将茶荷内祁红干茶拨到紫砂壶中。

7/ 注水：注入沸水没过茶叶即可。

8/ 温杯：将润茶的水倒进品茗杯中温杯。

9	10
11	12

9/ 注水： 再次注沸水入紫砂壶中，注水量以刚好与四个杯容量相符为佳。

10/ 弃水： 将温杯的水直接弃入水盂中。

11/ 出汤： 将茶壶内茶汤低斟入品茗杯中。

12/ 品饮： 双手连同杯托一同举起，邀客品饮。

冲泡技巧

在弃水时，如杯底有水渍，一手拿茶巾，一手拿茶杯，用茶巾轻轻擦拭水渍。

小提示

使用紫砂壶时，如紫砂壶较大，且没有系壶绳，最好双手操作，以免在冲泡过程中壶盖脱落。家用紫砂壶则最好系上壶绳，这样既美观，又能起到保护壶盖的作用。

Chapter 08

名茶之乡 宣城行

安徽省除了六安市外，宣城市也是一处产茶地，这里产茶以绿茶为主，其中敬亭绿雪是绿茶中的佼佼者，深受人们的喜爱。

宣城大观园

宣城市由于其良好的地形与气候条件，所产茶叶色泽翠绿，汤色清澈，受历代名人称颂

宣城市地处于安徽省东南部，古称宣州，交通便利，是重要的交通枢纽，也是著名的旅游胜地，有80多处旅游景点。

宣城市历史悠久，文化气息浓厚，是我国的文房四宝之乡，同时也是我国著名的园林城市，有多处著名的标志性园林景观，更是我国著名的鱼米之乡。

宣城市有着得天独厚的地理条件和丰富的矿产资源，如今宣城市更是在经济、文化、政治、交通等各个方面都迈上了新台阶，成为我国城市发展的典范。

宣城茶区

宣城的产茶条件

宣城市的大多数区域都属于平原和河湖，同时也有非常适合产茶的丘陵和高海拔山地。

宣城市属亚热带季风气候，四季分明、气候温和、年温差大、雨量适中、日照充足。

茶区自然条件优越，土壤肥厚，呈微酸性，富含有机质和腐殖质，年平均气温15～17℃，年平均降雨量1400～2000毫米，无霜期长达8个月，年平均日照时数约1800小时。此外，茶区内还拥有丰富多样的植被。

以上这些因素非常有利于茶叶中芳香物质的形成和蓄积，能够有效地降低茶叶中茶多酚的含量，提高茶叶的质量和产量。

皖南事变烈士陵园

为烈士敬上一杯茶

皖南事变烈士陵园位于宣城市泾县城郊的水西山，整座陵园以邓小平同志亲笔题写的“皖南事变死难烈士永垂不朽”纪念主碑为中心向外而建，是全国重点烈士纪念建筑物保护单位。

如果你刚好路过此地，可以为逝去的烈士敬上一杯茶，以表心中的敬佩。

太极洞

赏风赏景赏茶

太极洞有“东南第一洞”的美誉，坐落在宣城市广德市境内，有天然的溶洞和形状各异的奇石景观，是国家4A级风景区。欣赏美景的同时，也可以寻找当地出产的茶叶，为自己的旅行增添香茗气。

龙川古村

寻找徽州茶文化

又称坑口，是一个古老的徽州村落，有着独特的徽派建筑群、浓厚的茶文化气息，现为安徽省历史文化保护区。

桃花潭

在山水中寻找兰花茶

桃花潭又名玉镜潭，位于宣城市泾县西南青弋江边，潭水深邃，景色秀丽，有着奇特的自然景观，同时又有一定数量保存完好的古代建筑，是出行旅游的不二之选。

为了发展旅游业，桃花潭推出了很多传统旅游项目，如“兰花茶”“根雕”等，既可以品茗，也可以找到适合做茶盘的根雕。

养生茶饮

苏叶盐茶

材　　料：紫苏叶6克，绿茶3克，盐适量。

做　　法：将绿茶炒至微焦，将盐炒至呈红色。将所有材料加水煎汤即可。

养生功效：清热宣肺，利咽止痛。

橘红茶

材　　料：橘红、绿茶各5克。

做　　法：将所有材料放茶杯中，沸水冲泡，闷5分钟即可。

养生功效：止咳化痰。

宣城名茶介绍

宣城名茶主要包括宣城北部敬亭山的敬亭绿雪，以及泾县所产的涌溪火青、汀溪兰香等

在宣城千年的历史长河中，茶是不可不书的篇章，早在东晋时期，著名诗人陶渊明在《续搜神记》写道：“晋武帝时，宣城人秦精，常入武昌山采茗……精怖，负茗而归”，东晋元帝时，也有“宣城上表贡茶一千斤，供茗三百斤”的记载，可见宣城产茶历史悠久，品质优异。

宣城所产茶叶多色泽翠绿，汤色清澈，香高味醇，备受历代名人的称颂。

条索紧结的涌溪火青

汀溪兰香的干茶和冲泡后的茶汤

宣城茶叶产区生态环境优越，茶叶产业兴盛。2012年，宣城全市茶叶产量2.93万吨，茶叶产值8.36亿元，境内的五县一市一区，每个地区都产有名茶，如敬亭绿雪、涌溪火青、汀溪兰香、舒城兰花等。

敬亭绿雪为我国历史名茶，据《宣城县志》记载有："明、清之间，每年进贡300斤"，可见其在明清时期就是贡茶，诗人施润章曾有诗云："馥馥如花乳，湛湛如云液……枝枝经手摘，贵真不贵多。"

涌溪火青起源于明代，产于宣城西部的泾县。邓小平曾称赞涌溪火青："有黄山毛峰、西湖龙井之好，以后就喝此茶。"2009年，涌溪火青在世界绿茶评比会中获品质得分第一名。

汀溪兰香创制于1989年，产于宣城西部的泾县，1992年被评为安徽省名茶，2017年国家对"汀溪兰香茶"实施农产品地理标志登记保护，2020年入选第一批全国名特优新农产品名录。

舒城兰花为历史名茶，创制于明末清初，在1985年南京市全国名茶评比中，被正式定为国家优质名茶。因其芽叶相连于枝上，形似兰花，且具有兰花香而得名。

涌溪火青

采收地点： 安徽省泾县榔桥镇涌溪村。

采摘时间： 一般自清明至谷雨。

采摘标准： 采摘要求“两叶一心，身大八分，枝枝齐整，朵朵匀净”。即采摘2～3厘米长的一芽二叶，个头要均匀，芽叶要肥壮而挺直，芽尖和叶尖要拢齐，有锋尖，第一叶微开展仍抱住芽，第二叶柔嫩，叶片稍向背面翻卷。

制作工艺： 经过采摘、杀青、揉捻、烘焙、滚坯、做形、炒干、筛分等多道工序精制而成。

香茗品质： 外形独特美观，颗粒细嫩重实，色泽墨绿莹润，冲泡形似兰花舒展，汤色杏黄明亮，清香馥郁，味浓甘爽并有特殊清香。

小提示

涌溪火青汤浓味美，具有明目清心、止渴解暑、利尿解毒、提神消腻等功效，但不可冷饮，否则容易导致腹泻。

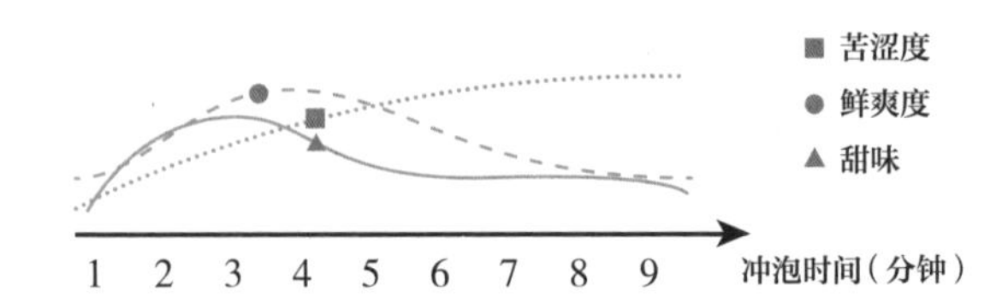

敬亭绿雪

采收地点：宣城市北敬亭山。

采摘时间：在每年清明节至谷雨之间进行采摘。

制作工艺：包括杀青、做形、烘干等三道工序。

香茗品质：外形挺直饱润，色泽嫩绿，香气持久，叶肉饱满，滋味醇厚。

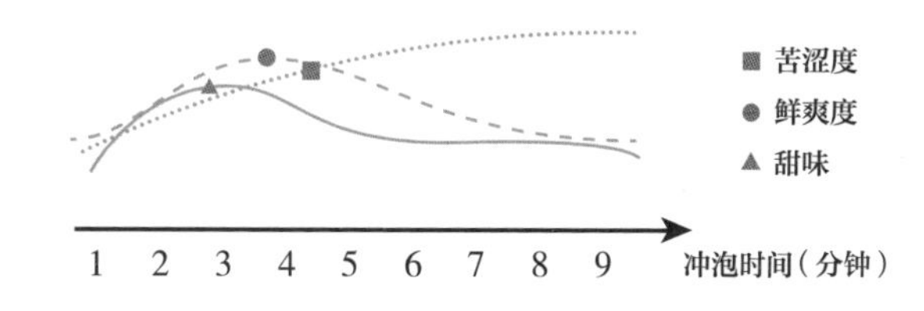

汀溪兰香

采收地点：以安徽省泾县为主。

采摘时间：主要集中在谷雨前后十天左右采摘。一般上午采，下午制。

制作工艺：经过鲜叶分级、晒青、摊放、做青、杀青、揉捻、烘干、包装等多道工序精制而成。

香茗品质：外形匀整肥壮，色泽翠绿，汤色嫩绿，清澈明亮，香气持久，滋味鲜醇，叶底嫩黄。

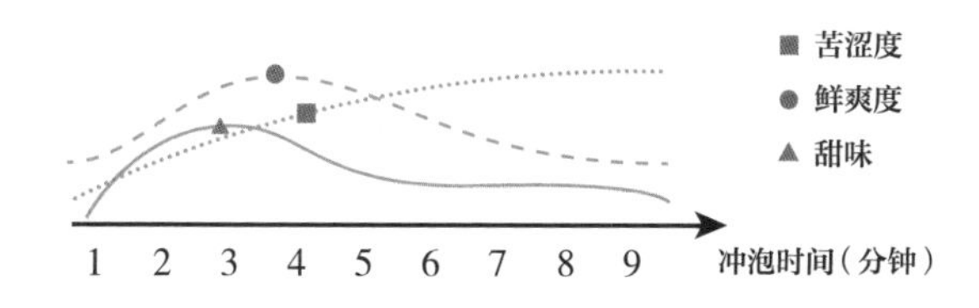

宣城名茶冲泡指南

宣城名茶主要为绿茶，通常用透明度好的玻璃杯、瓷杯或茶碗冲泡，因为瓷质茶具洁白，便于衬托出茶叶和茶汤的碧绿

六大茶类，特点各异

涌溪火青冲泡演示

1	2	3	4
5	6	7	8

1/ **备器**：准备涌溪火青冲泡所需茶具。

2/ **赏茶**：取适量涌溪火青干茶，欣赏其外形。

3/ **温碗**：向盖碗中注入适量沸水进行温碗。

4/ **温盅**：将温碗用水倒入茶盅内进行温盅。

5/ **温杯**：将温盅用水用来温杯。

6/ **弃水**：温杯后弃水入水盂。

7/ **投茶**：将涌溪火青干茶缓缓拨入盖碗中。

8/ **注水**：将75～85℃的水注入盖碗中至盖碗口部。

小提示

涌溪火青宜用75～85℃的水冲泡，切忌用沸腾的开水冲泡，那样其营养成分会受到破坏，特别是维生素C。

9	10	11
	12	13

9/ 置茶漏： 将茶漏置于茶盅上。

10/ 出汤： 将盖碗内的茶汤倒入茶盅内。

11/ 揭盖： 将盖碗的碗盖揭开，使茶叶稍冷却。

12/ 分茶： 将茶盅内的茶汤分斟至品茗杯中。

13/ 品饮： 品杯中茶汤即可。

Chapter 09

三省名茶 齐聚一山

大别山横跨中国三个省份，分别是安徽省、湖北省和河南省，这里气候温和、雨量充沛，非常适合茶树生长，造就了很多名茶。

大别山大观园

大别山位于湖北、安徽、河南三省交界处，境内茶叶产量丰富，以绿茶为主，也有黄茶和红茶

大别山产茶历史悠久，种类丰富，代表品种有中国十大名茶之一的“六安瓜片”。此外，大别山周边还有霍山黄芽、信阳毛尖、舒城兰花等茶叶的产区。

大别山茶市位于河南省光山县白雀园镇，该镇是河南省的历史文化名镇。这里的茶业是白雀园镇的主要产业，其茶叶生产历史悠久。白雀园镇由政府支持，倾力打造茶业“航母”，其中的茶基地、茶企业、茶市场蓬勃发展，成为大别山一道独特的风景线。

除了产茶，大别山还盛产茯苓、石斛、灵芝等中草药。此外，醇香甘美的小吊酒、松脆可口的野山核桃、质优价廉的罗田板栗等都是大别山的特色产品。

亚热带季风气候使大别山成为孕育茶叶的基地

大别山的产茶条件

大别山属亚热带季风气候，气候温和，雨量充沛。其植被变化非常明显，海拔400～1700米，因海拔差异而形成色彩丰富的森林景观。

茶区海拔100～300米，年均气温约15℃，最高气温约37℃，最低气温约-16℃，年平均无霜期210～220天。

茶区年日照为2000～2230小时，光照资源较为充足，年均降水量为1200～1400毫米，相对湿度80%，属于较为湿润的季风气候环境。

茶区土壤类型丰富，有黄棕壤、花岗岩、片麻岩、砂质壤土等，土层深厚，肥力高，通透性好，土壤一般为微酸性，且富含有机质，为茶叶的高产提供了环境基础。

金寨县

每到春来一县香

大别山腹地的金寨县盛产野茶，野茶孕育在云雾缭绕、空气湿度大的密林中，独特的产茶环境让野茶汤色清澈、香高味醇。同时，这里出产的茶叶耐泡，碳水化合物含量较高。

每到春天，这里的茶农忙着采茶、做茶、喝茶，可谓是处处有茶香。“露蕊纤纤方吐碧，即防叶老须采忙。家家篝火山窗下，每到春来一县香”用这首诗来形容金寨县名副其实。

大别山

茶文化

大别山当地人喜欢做工精细、物美价廉的雨前茶。有趣的是，他们认为价格昂贵的高档茶叶中看不中喝，只适合作为礼物送人。

茶具

大别山当地人泡茶，老人最喜欢用传统的紫砂壶，不仅能冲泡出滋味醇厚的茶汤，而且造型精美，宜于把玩。而家庭中使用的是细瓷茶壶和茶盅，洁白的茶具能衬托出茶汤嫩绿如春的颜色。

霍山县

黄芽茶的产地

我们熟知的霍山黄芽就来自大别山深处的霍山县，因为茶汤成分中富含氨基酸、茶多酚、咖啡因等，深受茶人喜爱。

养生茶饮

毛尖蜜茶

材　　料：蜂蜜5克，毛尖3克，醋适量。

做　　法：将毛尖和蜂蜜加入杯中，沸水冲泡，闷1～2分钟，加入醋调匀即可。

养生功效：清热通便，软化血管。

岳西县

兰花香里的绿茶

岳西县在大别山境内，这里盛产岳西翠兰、岳西兰花等，都属于优质的云雾茶。

这里的茶园海拔大多在600～800米的深山峡谷中，无论是土壤、气候还是雨量、温差，都非常适合茶叶的种植，正是因为这些得天独厚的条件，才让岳西茶闻名中国，远销海外。

“养在深闺人未识”的大别山

上等的大别山茶，干茶色泽绿润，条形紧索

革命老区大别山，有茶、有山、有水，是享受田园生活的好去处，在这里人们能除去城市的烦躁、疲乏，偷得浮生半日闲。

大别山山势险峻、风光秀丽，出产的茶叶细嫩、清香高长，每一个来到这里的人都可以品到好茶。除了好茶，大别山还是一个“养在深闺人未识”的隐没景点，让我们一起来了解大别山吧！

大别山有深藏在湖北黄冈市北部的雾云山梯田，拥有上千年的古老历史，为今人讲述中华农耕文明；有宛若天堂的天堂湖，在这里还可以寻访存于大地山坳中的天堂寨、薄刀锋，天堂湖风景迷人，是不可多得的休闲好去处，为大别山旅游添上了浓墨重彩的一笔。

大别山茶鉴别方法

大别山名茶鉴别主要从外形、汤色、香气着手。

品质最佳的六安瓜片，形似瓜子，匀整，色绿上霜，嫩度好，无芽梗、漂叶（重量较轻的独叶），清香持久，鲜爽醇和，汤色黄绿明亮，叶底黄绿匀整。而外形似瓜子，稍有漂叶、香气较纯和且鲜爽醇和、汤色黄绿尚明的六安瓜片次之。

上等的信阳毛尖，嫩茎圆形，叶缘有细小锯齿，叶片肥厚绿亮，汤色黄绿明亮，香气高爽、清香，滋味鲜浓、醇香回甘。而品质较差的信阳毛尖，嫩茎方形，叶缘无锯齿，叶片暗绿，汤色深绿，无茶香，滋味苦涩、发酸。

特一级的舒城兰花，一芽一叶初展，成朵翠绿，白毫显露，兰花香清香高长鲜爽，汤色浅绿明亮，滋味鲜醇回甜。而三级的舒城兰花则一芽二叶至一芽三叶初展，色绿，微显毫，栗香持久，汤色黄绿尚明亮，滋味尚鲜醇。

大别山名茶介绍

纵横三个省的大别山，气候温和、雨量充沛，上万公顷的茶园茶树在这里生长旺盛，出产的茶叶品质极佳

大别山因其独特的气候和土壤条件，创造了很多名茶，如六安瓜片、信阳毛尖、舒城兰花、岳西翠兰、霍山黄芽等，其中六安瓜片、信阳毛尖、舒城兰花和岳西翠兰为绿茶，而霍山黄芽为黄茶。

六安瓜片的产量以六安市最多，品质以金寨县齐山村最优。六安瓜片原产于齐云山一带，齐云山所产“齐山云雾”为六安瓜片之极品。

信阳毛尖产自河南省信阳市，信阳茶叶资源丰富，除信阳市西南山区外，商城县、光山县、罗山县、新县、潢川县、固始县等地皆产茶，并且盛产名茶。

信阳毛尖干茶与茶汤

舒城兰花以舒城县的白桑园、磨子园兰花茶最为著名，小麦岭、古吉寨、滴水岩兰花茶也很有名。舒城县、庐江县交界处的沟儿口、果树一带所产兰花茶也久负盛名。

岳西翠兰是在岳西县东北部姚河、头陀河一带生产的历史名茶“小兰花”的传统工艺基础上研制开发而成的，“翠绿鲜活”的品质特征突出，因此得名。

霍山黄芽源于唐代之前。唐代李肇《唐国史补》把寿州霍山黄芽列为十四品目贡品名茶之一。自明代以来，霍山黄芽就被列为贡品。霍山黄芽产于霍山山脉中，霍山山脉在安徽省西部，与豫鄂皖边境的大别山相接，山高云雾重、雨水充沛、空气湿度较大、昼夜温差大、土壤疏松肥沃且呈弱酸性，林茶并茂，生态条件良好，极适合茶树生长。

形似瓜子的六安瓜片

六安瓜片

采收地点：六安市金寨县和裕安区两地。

采摘时间：一般在谷雨前后开始采摘，到小满前结束。

采摘标准：以一芽二、三叶为主，也就是俗称的“开面”采，且采摘单片叶不带芽和茎。

制作工艺：采摘的鲜叶先进行杀青，杀青过程中因为杀青温度不同分为生锅和熟锅，生锅温度100℃左右，熟锅稍低，在生锅中杀青到叶片变软后，再从生锅转为熟锅杀青，至叶片基本定型，含水量30%左右时即可出锅，准备烘焙。烘焙是六安瓜片制作工艺的关键，烘焙分三次完成，火温从高到低分毛火（温度接近100℃）、小火、老火（要求火温较高，火势猛）。老火又称拉老火，在我国茶叶烘焙技术中独具一格。

香茗品质：外形平展，单片顺直匀整，形似瓜子，色泽翠绿，汤色碧绿清澈，香气高长，滋味鲜醇回甘，叶底黄绿匀亮。

小提示

保存六安瓜片时可装入有双层盖的马口铁茶叶罐里，最好装满而不留空隙。双层盖都要盖紧，用胶带封口，并把茶叶罐装入两层尼龙袋内，封好袋口。

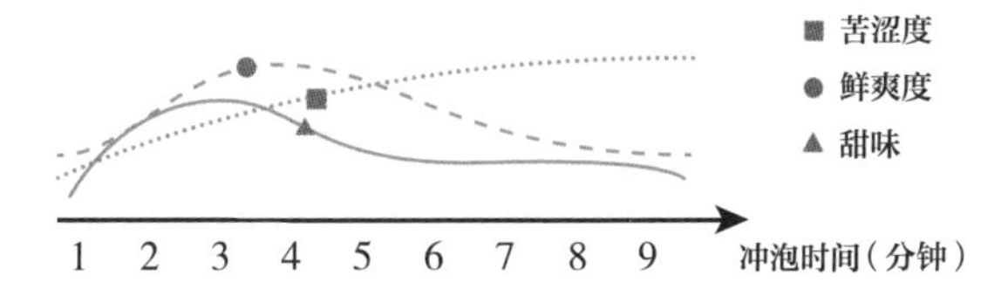

霍山黄芽

采收地点：大别山腹地、佛子岭水库上游等地。

采摘时间：一般在谷雨前3～5天采摘。上午采，下午制；下午采，当晚制，最好不要过夜。

制作工艺：包括杀青、毛火、摊放、足火、拣剔复火等五道工序。

香茗品质：外形条直微展，香气馥郁，滋味鲜醇回甘，色泽黄绿披毫，汤色黄绿明亮，叶底微黄明亮。

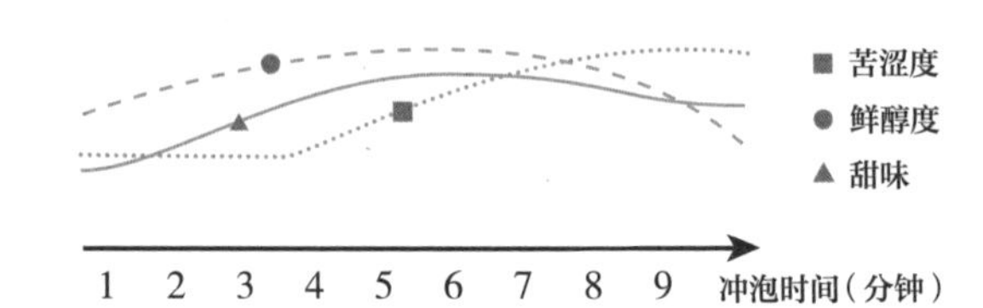

信阳毛尖

采收地点：大别山北坡的谭家河镇、李家寨镇等地。

采摘时间：主要是清明、谷雨时节采摘，夏季也可采摘。

制作工艺：鲜叶经筛分、摊放、杀青、揉捻、解块、理条、烘干等工序制成。

香茗品质：外形条索紧细，色泽银绿带翠，有锋苗（茶叶感官审评术语，指的是芽叶细嫩，紧卷而有尖锋的意思），汤色碧绿明净，香气高鲜，有熟板栗香，叶底嫩绿匀整。

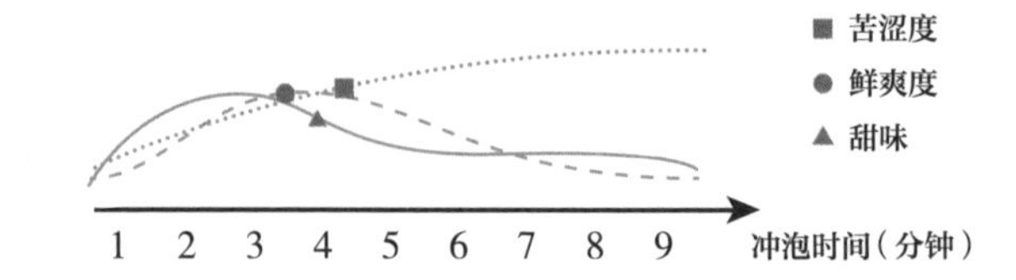

舒城兰花

采收地点：安徽省舒城县、通城县、庐江县、岳西县一带。

采摘时间：一般在谷雨前后。

制作工艺：经过杀青、烘焙等工序。

香茗品质：外形芽叶相连，形似兰草，色泽翠绿，匀润显毫，汤色绿亮明净，有独特的兰花香，滋味浓醇回甜，叶底成朵，嫩黄绿色。

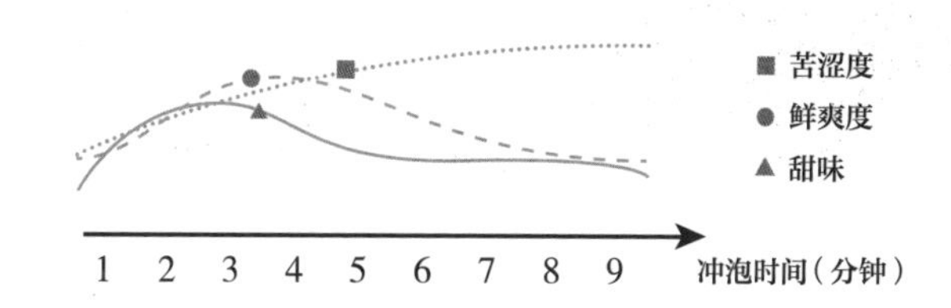

岳西翠兰

采收地点：安徽省岳西县。

采摘时间：清明前后。

制作工艺：鲜叶经拣剔、摊凉、杀青、理条、毛火、足火等多道工序精制而成。

香茗品质：外形芽叶相连，舒展成朵，形似兰花，色泽翠绿，香气清高持久，汤色浅绿明亮，滋味浓醇鲜爽，叶底嫩绿明亮。

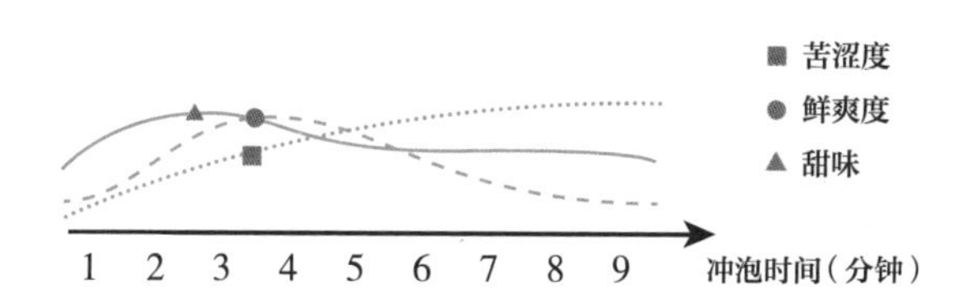

大别山名茶冲泡指南

大别山名茶以绿茶为主，适合用玻璃杯或玻璃壶冲泡，泡茶水温控制在80～85℃为佳

六安瓜片冲泡演示

1/ 备器：准备冲泡过程中所需茶具。

2/ 赏茶：取适量六安瓜片干茶置于茶荷，欣赏其外形、色泽。

3/ 注水：向玻璃壶中注入适量沸水，进行温壶。

4/ 温杯：将温壶的水倒入玻璃品茗杯中温杯。

5/ 投茶：将茶荷中的干茶用茶匙拨入玻璃壶中。

6/ 注水：向玻璃壶中注入80～85℃的水。

7/ 弃水：玻璃壶浸泡茶叶时，可将温杯之水弃入水盂中。

8/ 出汤：将泡好的茶汤分别斟入玻璃品茗杯中。

9/ 品饮：举杯邀客品饮茶汤。

霍山黄芽冲泡演示

1	2	3	4
5	6	7	8

小提示

因随手泡电水壶较沉，可双手提壶。左手提壶时，手腕要顺时针转动，右手可拿茶巾垫在壶流底部；右手提壶时，则要逆时针转动，让水流从碗沿内壁流入碗内。

1/ 备器： 准备冲泡过程中所需茶具。

2/ 赏茶： 取适量霍山黄芽干茶置于茶荷，欣赏其外形、色泽。

3/ 温碗： 向盖碗中注入适量沸水温碗。

4/ 荡碗： 利用手腕力量摇荡杯身，使其内壁充分预热。

5/ 弃水： 温烫碗身后将温碗的水直接弃入水盂中。

6/ 投茶： 用茶匙将茶荷内茶叶缓缓拨入盖碗中。

7/ 注水： 双手持随手泡电水壶，低斟高冲（双手拿壶，先低斟，然后拉高水流高冲水，最后断水）注入80~85℃的水至碗沿。

8/ 品饮： 1~2分钟后即可闻香品饮。

Chapter 10

北国夜无雪 隐隐绿茶香

“南茶北引”工程让茶叶逐渐走入北方，其中山东绿茶就在近年崛起了，日照绿茶、崂山绿茶开始受到茶人的欢迎。

山东大观园

20世纪50年代，“南茶北引”的工程开始实施，山东的崂山、日照地区靠海，气候温和湿润，水质优良，土壤呈微酸性，非常适合茶树的生长

20世纪50年代，山东省青岛市的园林管理处开始进行将皖南、江浙地区的茶苗移植栽种的实验。最开始从皖南运来两年生的茶苗约5000株，但由于茶苗移植时间不对以及运输途中的损伤，导致第二年茶苗栽培全部失败。后来又从南方运来茶苗，由于管理不当，也几乎全军覆没，但还是存活下来27株，“南茶北引”遂成功。虽然茶树引种成活，但是由于栽种的产地不同，导致产量非常低。

20世纪80年代，北方茶树的栽种有所发展，但种植技术还是不普及。到了20世纪90年代，青岛市崂山的茶树种植在政府扶持下开始大力发展，政府鼓励农民打破传统的种植结构，出现农户承包土地种植茶叶的情况。从此，北方开始有了自己的绿茶。

2012年，山东省日照市绿茶产茶区域面积达到8000公顷，年产茶叶约1500吨，成为山东省最大的绿茶生产基地，日照绿茶成为“北方第一茶”，其中的岚山区有机茶园产的茶叶已经通过欧盟有机认证，意味着日照绿茶获得欧盟市场的“通行证”。

山东的产茶条件

山东省青岛市崂山茶区位于山东半岛的南部，东、南濒临黄海，西则连接青岛市区，北接青岛市城阳区。这里受海洋性气候影响，常年温暖湿润，四季分明，冬无严寒，夏无酷暑，全年平均气温在12℃。同时崂山区的土壤呈微酸性，有机质含量高，所以适合茶树的生长。

山东绿茶茶树的叶片

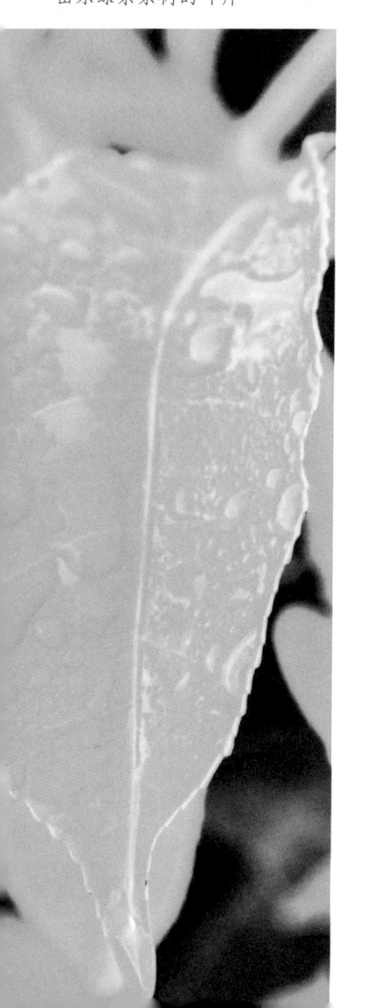

日照茶区位于山东省东南部，东临黄海，属于温带季风气候，这里光照充足、雨量充沛，茶区山地丘陵土壤呈微酸性，富含丰富的有机质和微量元素，优越的气候、土壤条件，孕育了日照绿茶的独特品质。

泰安茶区目前是我国最北的茶叶种植基地，最开始泰安市并没有茶树种植，在1966年才开始引种茶树，经过几代人共同的努力才使得泰安茶深受人们喜爱。泰安茶区位于山清水秀、人文底蕴丰厚的泰山景区，这里青山环抱、山峦起伏，茶园内云雾缭绕，土壤肥沃，生态环境优越，非常适宜茶树的栽种。

泰山

泰山女儿茶

泰山位于山东省泰安市，是中国五岳之首。这里有日出、夕阳、云海，吸引了国内外大量游客前来游玩。

从20世纪60年代开始，泰安市开始引种茶树，经过无数茶农的努力，泰山山脚下的女儿茶茶园成为北方的茶叶种植基地，这里山清水秀、云雾缭绕、土地肥沃，孕育在这里的茶树，茶叶品质高，茶香悠远。

日照市

北方第一茶

日照市，因日光先照而得名，是一个美丽的海滨城市。沿海从南到北有60公里长的金沙滩，日照市最主要的景点都集中于此。

日照市空气新鲜，海鲜便宜，同时境内还有平原、山丘、水域、湿地和海滩，是非常适合旅游的地方。

日照绿茶素有“北方第一茶”之称，日照市是江北绿茶之乡。在2013年中国旅游日那一天，岚山区的百里绿茶长廊里，有茶园生态观光、茶文化体验、茶叶贸易、度假、美食等，为推广日照绿茶做出了突出贡献。

崂山

仙山圣水崂山茶

崂山是山东半岛的主要山脉，其最高峰海拔在1000多米。古语称“泰山虽云高，不如东海崂”。崂山耸立在黄海之滨，山海相连、山光海色，是山东省不可不去的景点之一。

崂山是“海上第一名山”，其水源优质，真正成就了“仙山圣水崂山茶”，让崂山茶成为北方品质优异的绿茶。

养生茶饮

麦芽山楂茶

材　　料：绿茶3克，麦芽和山楂各25克。

做　　法：将绿茶、麦芽和山楂用适量水煮沸即可。

养生功效：消积开胃，活血除烦。

日照绿茶茶汤

崂山绿茶茶汤

山东绿茶品质特征

崂山绿茶因为气候条件，生长周期长，鲜叶叶面厚实，含有丰富的营养成分，具有天然、独特的豌豆面香。而日照绿茶则具有叶片厚实、耐冲泡、栗香浓郁、回甘明显的品质特征。

山东绿茶购茶指南

到山东省日照茶区或崂山茶区，可以在当地茶农手中直接购买山东绿茶。通过网上选购时，认准茶叶品牌即可，山东绿茶较为出名的品牌有圣谷山等。

山东绿茶鉴别方法

首先观外形。北方的春天乍暖还寒，雨量也比南方稀少，茶树生长较为缓慢，采摘的鲜叶绿中带黄，叶片小而厚，制出的茶坯略显粗糙，表面带有白毫。

其次看汤色。南方绿茶茶汤嫩绿明亮，北方绿茶汤色带黄，俗称带有黄头，明亮的茶汤中带有极细的白毫浮在表面。

再次闻茶香。因为南北方气候、土壤的不同，所产绿茶香气也不尽相同，南方绿茶嗅闻香气浓郁，北方绿茶初嗅清香寡淡，再嗅有豆香。

最后品茶，因为生长环境的不同，南方绿茶注重前三泡，三泡过后，滋味变淡；北方绿茶一泡茶汤基本无味，二泡茶汤稍微改善，三泡后进入佳境，入口爽滑、微苦悠长，六泡后才基本无味。

山东名茶介绍

山东自“南茶北引”成功后，市场上越来越多的茶叶产自这里

20世纪50年代，“南茶北引”工程成功后，以山东省日照绿茶和崂山绿茶最为出名。

山东省日照与韩国宝城、日本静冈被世界茶学家公认为三大海岸绿茶城市，因为日照绿茶独特的优良品质，被誉为“中国绿茶新贵”。在2006年，日照绿茶被批准实施地理标志产品保护。

崂山的土壤和气候非常适合茶树的生长，素有“北方小江南”之称。在“南茶北引”工程成功后，崂山茶叶形成了自己的独特品质，在一年中可以采收三季，分别为春茶、夏茶和秋茶，产量得到明显提升，崂山绿茶也在2006年被批准实施地理标志产品保护。

日照绿茶

采收地点： 山东省日照市。

采摘时间： 在每年的春分时节进行。

制作工艺： 包括采摘、摊放、杀青、揉捻、干燥等多道工序。

香茗品质： 外形条索紧细、卷曲，色泽翠绿至墨绿，内质香气纯正或带有栗香，汤色黄绿明亮，滋味醇正，叶底明亮。

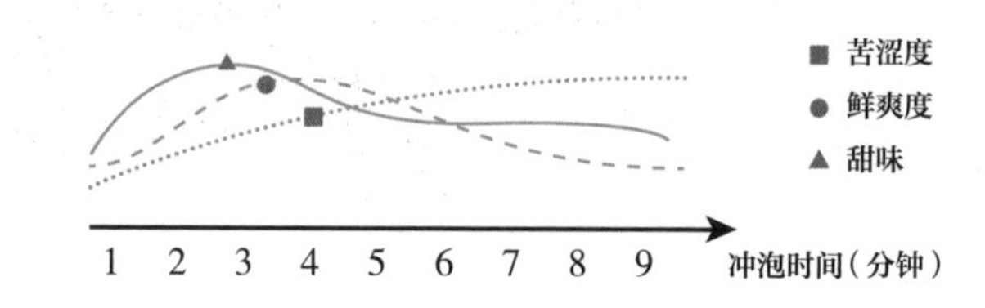

崂山绿茶

采收地点： 山东省青岛市崂山区。

采摘时间： 清明、谷雨时节。

制作工艺： 经过采摘、摊放、杀青、揉捻、干燥等五道工序。

香茗品质： 外形条索紧细、卷曲，色绿匀整，内质香气纯正高鲜，汤色黄绿明亮，滋味醇正，叶底软亮。

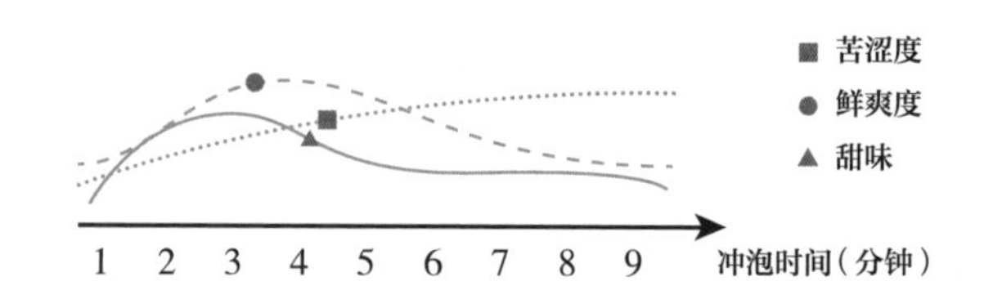

山东名茶冲泡指南

山东产茶以绿茶为主，适合用玻璃杯或玻璃壶冲泡，也可以用白瓷盖碗冲泡。泡茶水温宜控制在80～85℃，适合的水温能让茶香四溢

崂山绿茶冲泡演示

1	2	3
4	5	6

小提示

1/ **备器**：准备冲泡过程中所需茶具。

2/ **赏茶**：取适量干茶置于茶荷，欣赏干茶。

3/ **注水**：向盖碗中注入适量沸水。

4/ **荡碗**：利用手腕力量摇荡杯身，使其内壁充分预热。

5/ **温盅**：注水后迅速将水倒入茶盅内，温盅。

6/ **温杯**：将茶盅内的水分别斟入品茗杯中温杯。

盖碗倒水时，右手端起盖碗平移至水盂上方，向左侧弃水，让水流从盖碗左侧小空隙中流出，所以在温盖碗后盖盖子时要让盖子和碗身之间留有小空隙。左手端盖碗，则动作相反。

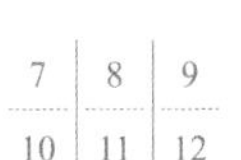

7/ 弃水： 温杯后直接弃水入水盂中。

8/ 投茶： 用茶匙将茶荷内绿茶拨到盖碗中。

9/ 注水： 注入80～85℃的水没过茶叶即可。

10/ 出汤： 约20秒后即可出汤，将盖碗中茶汤倒入茶盅中。

11/ 斟茶： 将茶盅内的茶汤分别斟入品茗杯中。

12/ 品饮： 举杯邀客品饮。

Chapter 11

禅茶合一的峨眉山茶

峨眉山是禅茶的发源地之一，集供茶、施茶、饮茶于一体。在这里，禅茶文化可观、可参、可修、可饮。

峨眉山大观园

峨眉山有着悠久的茶文化历史，因为峨眉山独特的气候条件和地理条件，形成了峨眉山独特的茶文化

唐代学者李善的《昭明文选集注》中就记载有“峨山多药草，茶尤好，异于天下”，可见那个时候峨眉山香茗就已经凭借优异的茶叶品质誉贯古今了。

峨眉山产茶的历史已有3000余年。唐代以后，峨眉山的僧众农事和参禅并重，其中农事即为茶事。在黑水寺、意月峰、天池峰、白岩峰一带的山区中，各寺庙都有自己的大片茶园。采摘和制作都有自己的技术，形成独特的禅茶文化。

峨眉山的产茶条件

峨眉山栽种的茶树叶片

峨眉山位于我国四川省峨眉山市境内，山势险峻、气候温和、风景秀丽是它的主要特点，也使它拥有“秀甲天下”的美称。同时，峨眉山也是中国四大佛教名山之一，佛事频繁，为旅游胜地。

优越的产茶自然条件是峨眉山重要的特点之一。峨眉山自然气候独特，有“一日有四季，十里不同天”的说法。整个峨眉山气候带垂直分布明显，从低海拔到高海拔分别呈现出亚热带气候、温带气候和亚寒带气候，为不同气候条件下生长的植物提供了繁衍的空间，也为大量的野生古茶树群落和人工茶园提供了优越的自然气候条件。

峨眉山还有享誉世界气象界的“华西雨屏”自然现象，它是由雾凇、雨凇、雪霁和山霭等组成。峨眉山的降水也非常充沛，这里常年降水量在1700毫米左右，全年无干旱现象，森林的储水量在40%以上，同时汤泉密布。丰富的水资源和充沛的降水让茶树有了得天独厚的生长条件。

茶树的生长还依赖土壤条件。峨眉山地质结构复杂，包含了紫色土、石灰土、黄棕壤、暗棕壤等土壤类型。在峨眉山海拔600 ~ 1500米处，由于受降水、植被等影响，这个海拔区间内的土壤淋溶作用较强，而土壤盐基高度不饱和，使土壤呈现酸性或弱酸性，非常适合茶树的生长。

峨眉山“禅茶合一”的发展历史

峨眉山的禅茶文化可以追溯到唐代。唐代兴盛以茶供佛、以茶斋僧，禅茶文化是一个范围广、内容丰富的大文化概念，其主流是中国佛教的茶道，它由佛而兴起，因禅而成熟，最后也因禅而成就茶文化，使中国茶与禅融为一体，形成现在的禅茶文化。

在明万历年间，当时的帝王曾上峨眉山，并将峨眉山上的数亩茶园赐予万年寺。在寺中僧众的引领下，寺庙旁建茶园近6000平方米，通过精心管理，每年采摘香茗上供给朝廷。该茶园至今仍归万年寺所有，每年均有茶叶产出。

峨眉山的茶文化与佛教文化经过一千多年的相互融合、交流，形成密不可分的联结。茶文化已经成为峨眉山佛教文化的重要组成部分。

峨眉山茶发展史大致可以分为以下四个阶段：药用阶段、饮用阶段、回落阶段和发展阶段，每个阶段并不是断开而是相互交叉的。

公元前1066年至北宋初为峨眉山茶的药用阶段。在这一漫长时期，当地僧众、道士采摘的茶叶来自峨眉山山林的野生古茶树，享用者仅限道家和佛门弟子，而且都把采摘的茶叶当作一种可以预防疾病、延年益寿的养生饮品来饮用。那个时候的茶叶从采摘、加工、储存到饮用，皆为嫡传承袭，外人不得窥。

唐代中期至清末是峨眉山茶的饮用阶段。该阶段的峨眉山茶几乎都贡给了少数的僧众、文人墨客和朝廷的达官贵人。唐代中期，当时的“峨眉雪芽”就已经成为四川十大名茶，每年作为贡茶上供给朝廷，这一时期峨眉茶产量少，所以更显弥足珍贵。当时的峨眉山道观把峨眉雪芽当作一种珍贵的饮品，用以接待有身份的施主香客。

晚清末年到20世纪50年代是峨眉山茶的回落阶段。该阶段峨眉山茶事活动减少，但峨眉山各寺庙仍然重视茶叶的采摘和加工，仍以茶作为接待施主香客的主要仪品。

20世纪60年代至今是峨眉山茶的发展阶段。在国家农业政策的指导下，该阶段茶业迎来空前的发展。这一时期，峨眉山风景区内的净水乡、黄湾乡、高桥乡、龙门乡等大规模地种植茶树，发展茶业。1964年，陈毅同志视察峨眉山万年寺，为寺僧奉的茶取名“竹叶青”，之后“竹叶青”成为四川十大名茶，也形成品牌产业化生产。

金顶

在净化之地感悟禅茶

金顶是峨眉山寺庙与景点最集中的地方，这里有高26米、总面积1614平方米的金顶和铜殿一座，以及第一山亭“铜亭”一座。

游玩至此，不仅可以感受中国佛教文化，还可以感知峨眉山禅茶文化，在礼佛中感悟茶道。

白岩峰

峰上又闻雪香

白岩峰位于峨眉山上，这里常年云雾缭绕，出产的峨眉雪芽具有高山茶的芬芳与口感，香气馥郁、滋味淡雅，是不可多得的优质好茶。

自宋明以来，峨眉雪芽具有“雪香”“清明香”的雅称。除了白岩峰，赤城峰、玉女峰、天池峰等也出产峨眉雪芽。

万年寺

竹叶青的诞生地

万年寺是峨眉山最古老的古刹之一，创建于东晋隆安年间，那时名为普贤寺，后改为白水寺，宋代更名为白水普贤寺，最后在明万历年间改为万年寺。

寺院布局十分精美，整座寺庙坐西朝东。万年寺的景区可以分为无梁砖殿和白水秋风，两处都是峨眉山著名景观。

竹叶青最早由万年寺觉空和尚创制，在20世纪，朱德、陈毅、贺龙三位元帅先后到万年寺品鉴香茗，竹叶青就是由陈毅在寺中取名的。

养生茶饮

消脂茶

材　　料：绿茶3克，决明子、荷叶各5克。

做　　法：将材料置于杯中，沸水冲泡，闷1～3分钟即可。

养生功效：消脂，明目。

优质的峨眉山干茶色泽绿润有光泽

优质的峨眉山茶汤明亮

峨眉山产茶四大特点

峨眉山的产茶特点：一是优越的自然条件；二是悠久的产茶历史；三是丰富的茶叶资源；四是浓厚悠远的茶文化。

凭借这些特点，在长期的发展过程中，峨眉山茶形成了外形扁平挺直，干茶色泽嫩绿油润，冲泡后清香高长，滋味鲜醇甘甜，叶底嫩绿匀整等独特的品质风格。

峨眉山茶鉴别方法

峨眉山茶鉴别关键点在于茶的外形、香气和滋味。外形扁平挺直、色泽绿润的为上品；冲泡后盖香、汤香明显持久的为上品；滋味醇厚、回甘明显的为上品。汤色混浊、不透明的为次品。

峨眉山茶选购方法

可以到峨眉山当地选购，也可以认准品牌网上购买峨眉山茶，如峨眉雪芽、竹叶青、仙芝竹尖等都曾经获奖，品质有保证。

峨眉山名茶介绍

峨眉山茶的精髓在于禅茶合一。到了峨眉山，喝茶并不仅仅是喝，而是参禅，以参透峨眉山茶蕴含的高深禅理

峨眉山名茶

峨眉山最为人们所熟知的茶叶就是竹叶青。“竹叶青”不仅是茶名，现在也被注册为茶叶企业名称，让竹叶青和峨眉山茶文化得到更大程度的推广。

竹叶青可分为三个等级，由低到高分别是品味级、静心级和论道级。品味级竹叶青由鲜嫩茶芽精制而成，色、香、味、形俱佳，为茶中上品。静心级竹叶青细细体味，能感到唇齿留香，神静气宁，为茶中珍品。论道级竹叶青深得峨眉山水之意趣，品茶时能体会到“茶禅一味”的要旨，且产量有限，极其珍贵。

竹叶青

采收地点： 四川省峨眉山。

采摘时间： 一般在清明前一周内采摘，采摘时间不超过十天。

采摘标准： 一芽一叶或一芽二叶初展，鲜叶嫩匀，大小一致。

制作工艺： 首先经过采摘、摊凉、杀青、三炒三凉，采用抖、撒、抓、压、带条等手法，做形、干燥，再进行烘焙，茶香益增，内质十分优异。

香茗品质： 外形扁平光滑、挺直秀丽，色泽嫩绿油润，香气浓郁持久，有嫩板栗香，汤色嫩绿明亮，滋味鲜嫩醇爽，叶底完整、黄绿明亮。

小提示

对于竹叶青的冲泡，一般根据茶的松紧程度，采用三种投茶法：较紧的用上投法，较松散的用中投法，普通竹叶青采用下投法。

高档的竹叶青要真空包装放在冰箱冷藏起来，随取随封。

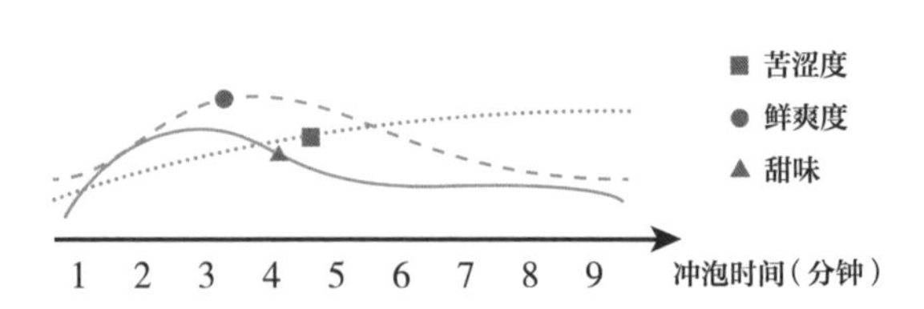

峨眉山名茶冲泡指南

峨眉山名茶主要以绿茶为主，适合用玻璃杯或盖碗等茶具冲泡，茶与水比为1：50，冲泡次数为两三次

竹叶青冲泡演示

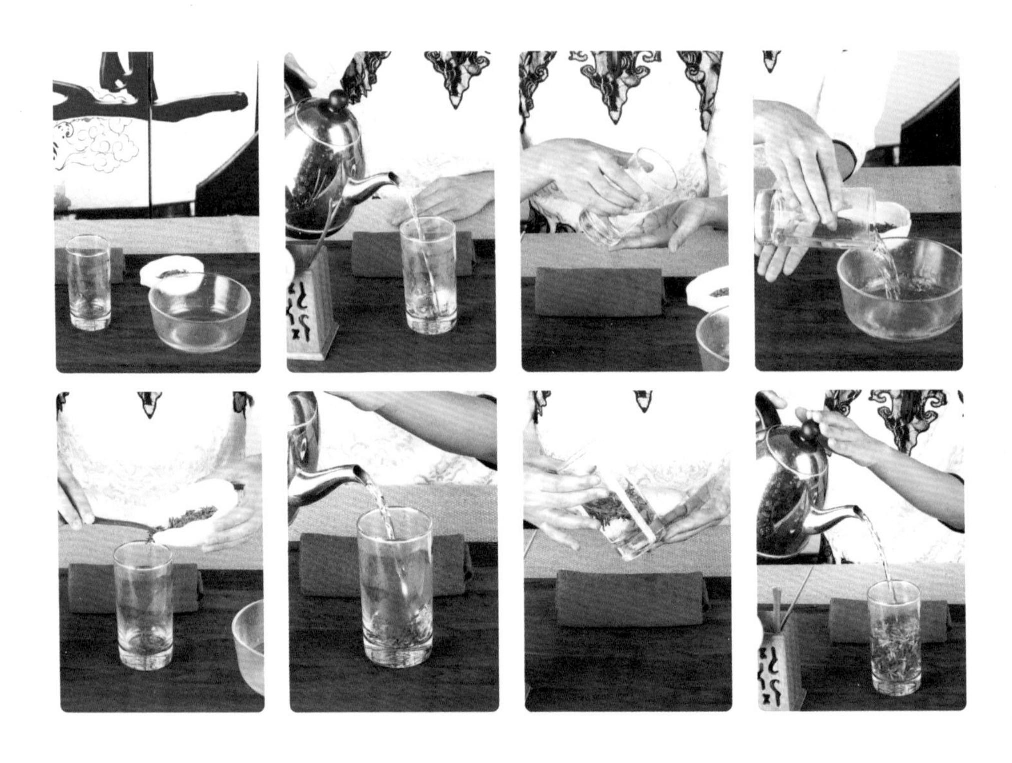

1	2	3	4
5	6	7	8

小提示

高档细嫩的竹叶青，一般选用玻璃杯或白瓷杯冲泡，而且无须用盖，以便人们赏茶。

1/ 备器： 准备竹叶青冲泡所需茶具。

2/ 注水： 向玻璃杯中注入适量沸水。

3/ 温杯： 缓慢旋转玻璃杯进行温杯。

4/ 弃水： 温杯后将温杯用水弃入水盂中。

5/ 投茶： 将竹叶青干茶缓缓拨入玻璃杯中。

6/ 注水： 将80～85℃的水注入玻璃杯中约1/3位置。

7/ 摇香： 旋转玻璃杯，使茶香充分溢出，摇香逆时针转两三圈即可。

8/ 注水： 将80～85℃的水注入玻璃杯中至七成满，1～2分钟后即可饮用。

Chapter 12

扬子江中水 蒙顶山上茶

蒙顶山茶因“扬子江中水，蒙顶山上茶”而闻名于世。蒙顶山茶产于蒙山之顶，故称“蒙顶山茶”。

蒙顶山大观园

蒙顶山位于中国四川省雅安市境内，因为“扬子江中水，蒙顶山上茶”这句著名的咏茶诗文让蒙顶山茶闻名于世。蒙顶山是茶的发祥地，也是世界茶文化圣山

蒙顶山是茶叶著名的发祥地，相传在2000多年前的西汉时期，蒙顶山茶祖师吴理真开始在蒙顶山上将野生茶树驯化栽种，而吴理真在蒙顶山上种植茶树的传说，也从侧面证明了蒙顶山是茶树种植和茶叶制作的起源地。

唐代《元和郡县图志》中记载有“蒙山，在县南十里，今每岁贡茶，为蜀之最”。宋代《宣和北苑贡茶录》中记载蒙顶山进贡的两种名茶分别是“万春银叶”和“玉叶长春”。

蒙顶山茶区所产的茶青

唐宋时期是蒙顶山茶的鼎盛时期，蒙顶山茶被列为贡品，专作为天子祭祀天地祖宗的茶品，这一习俗一直沿袭到清代。而这种天子祭祀专用的茶叶就来自吴理真的七株“仙茶”，后来在清代，七株“仙茶”所在的蒙顶五峰被封为禁地，七株“仙茶”也被石栏围起来，成为“皇茶园”，延续至今。

唐代诗人白居易曾在《琴茶》中有“琴里知闻唯渌水，茶中故旧是蒙山”的吟唱。宋代很多文人如欧阳修、陆游、梅尧臣等，也都曾以蒙顶山茶提文赋词。

蒙顶山的产茶条件

蒙顶山是青藏高原与川西平原的过渡地带，古称“西蜀漏天”，因“雨雾蒙沫”而得名。

四川省雅安市是中国著名的雨城，而蒙顶山常年雨量达到2000毫米以上，冬无严寒，夏无酷暑，年平均气温在15℃，无霜期达到308天，秋季多为绵雨，而夏季多为阵雨。

蒙顶山的森林覆盖率也位居中国森林覆盖率前列，这里的空气质量上乘，水质清澈，适合种植茶树。

甘露石室

种茶休憩之所

甘露石室位于皇茶园左侧的甘露峰上。石室由石柱、石殿、石屋面、石斗拱等组成。建筑风格独树一帜。相传此地原为植茶祖师吴理真种茶休憩之所。

蒙泉井

好水泡好茶

蒙泉井又名“甘露井”，位于皇茶园旁边，侧立有“古蒙泉”碑文，是茶祖——吴理真种茶时取水的地方。在当地县志中记载有“井内斗水，雨不盈、旱不涸，口盖之以石”，用此井水煮茶有奇香。

天盖寺

品茶好去处

天盖寺位于蒙顶山山顶，始建于汉代，在宋代重修。天盖寺占地8000多平方米，四周环绕有12株千年古银杏，而中间是明代建筑石柱大殿，为茶祖吴理真建庐种茶的地方。大殿中有吴理真全身座像，周围展示有与蒙顶山茶相关的历史图文和实物。天盖寺是品蒙顶山茶的最佳去处。

养生茶饮

芝麻茶

材　　料：绿茶、熟白芝麻各5克，姜末3克，盐少许。

做　　法：将绿茶、姜末、盐放杯中，沸水冲泡，加入熟白芝麻摇匀即可。

养生功效：利尿消肿，暖胃。

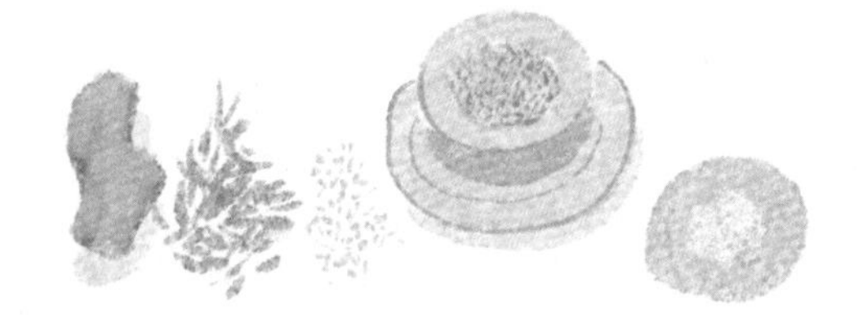

皇茶园

皇家茶园

皇茶园位于蒙顶山主峰的五个小山头中，因吴理真的七株“仙茶”在此地，所以在清代被石栏围起来，被称为“皇茶园”。皇茶园周围山峰似莲花，而皇茶园坐落于莲花心中，所以这里又被称为“风水宝地”。

茶史博物馆

茶的博物馆

茶史博物馆位于天梯古道的起点处，馆内陈列着有关蒙顶山茶的文献、诗词、标本和茶具，是蒙顶山茶的碑碣，是历史的佐证。

优质的蒙顶黄芽

蒙顶山茶品质特征

凭借得天独厚的自然条件，蒙顶山茶越来越受到人们的欢迎。蒙顶山茶外形紧结多毫，干茶色泽嫩绿；冲泡后香气馥郁，芬芳鲜嫩；汤色碧绿中带点青黄；滋味鲜爽，浓郁而有回甘；叶底嫩芽秀丽而舒展。

蒙顶山常年烟雨蒙蒙，云雾缭绕，减弱了太阳光的直射，使散射光增加，这样的生态环境有利于栽种的茶树中含氮化合物的合成，同时也可以增加氨基酸、咖啡碱、维生素的含量。

蒙顶甘露干茶与茶汤

蒙顶山茶购茶指南

阳春三月，蒙顶山茶农忙于做手工黄芽。黄芽对茶树品种要求严格，以老川茶品系为首选；老川茶选育的良种名山白毫、特早芽，均为上品。蒙顶黄芽选采标准十分考究。在春茶萌发第一波，茶园内出现10%嫩芽，即行采摘。古人称之为“苍条寻暗粒”，意思是将遮掩在枝叶暗处的新芽找出来。再如用“淡淡鹅黄掇嫩枝”来描述鲜嫩度，其鹅黄色是小雏鹅身披细软黄绒毛的色质，将鹅黄色嫩芽采下来炒制第一锅黄芽茶，要求非常严格。这种米粒形的单芽鲜料，5千克才能制成1千克黄芽成茶。

蒙顶山龙行十八式

龙行十八式是指一种茶技，即蒙顶山“禅茶”所独创的十八道用长嘴壶献茶的技艺。

相传，龙行十八式献茶技艺是北宋高僧禅惠大师在蒙顶山清修时所创，他在蒙顶山修行悟道时与茶结下了不解之缘，参透了“禅茶一味”的真谛，所以以技艺诠释茶道，用长嘴铜壶创造了“龙行十八式”。该技艺将茶道、武术、禅茶、舞蹈、易理融为一体，极富观赏性。在以前，龙行十八式是当地僧人修行的一门功课，到了清代逐渐传入民间，且被人们接受。

茶道在我们的认知中是不断追求宁静优雅的高雅艺术，“龙行十八式”献茶技艺却与传统茶道相异甚远，因为融合武术，所以表现出刚健向上的艺术风格，以阳刚之美独树一帜，所以来自蒙顶山的“龙行十八式”又被归于刚健派。

龙行十八式的茶师手持壶嘴长约一米的长嘴铜壶，根据不同的招式将铜壶翻转腾挪、提壶把盏，继而准确地将壶中茶汤注入茶盏中，因为每一个招式都模仿龙的动作，故而得名。龙行十八式具有很高的欣赏价值和艺术价值，是中国茶文化中一道绝无仅有的独特景观。

小提示

龙行十八式：第一式，蛟龙出海；第二式，白龙过江；第三式，乌龙摆尾；第四式，飞龙在天；第五式，青龙戏珠；第六式，惊龙回首；第七式，亢龙有悔；第八式，玉龙扣月；第九式，祥龙献瑞；第十式，潜龙腾渊；第十一式，龙吟天外；第十二式，战龙在野；第十三式，金龙卸甲；第十四式，龙兴雨施；第十五式，见龙在田；第十六式，龙卧高岗；第十七式，吉龙进宝；第十八式，龙行天下。

龙行十八式

蒙顶山名茶介绍

"五顶参差比，真是一朵莲"。秀丽的蒙顶山，孕育出这里独一无二的名茶

蒙顶山位于四川省邛崃山脉，往东有峨眉山，往南有大相岭，西靠夹金山，北临成都盆地，青衣江从山脚下绕过，有"仰则天风高畅，万象萧瑟；俯则羌水环流，众山罗绕；茶畦杉径，异石奇花，足称名胜"的赞誉，也因为蒙顶山人杰地灵，有"蒙山之巅多秀岭，恶草不生生淑茗"的说法。

蒙顶山产茶历史悠久，距今已有2000多年，许多古籍对此都有记载。蒙顶山茶自唐代开始，直到明清皆为贡品，为中国历史上最有名的贡茶之一。有诗云："蒙茸香叶如轻罗，自唐进贡入天府。"

现在蒙顶山最出名的茶为蒙顶甘露和蒙顶黄芽，蒙顶甘露为绿茶，蒙顶黄芽为黄茶。

蒙顶甘露

采收地点：四川省雅安市蒙顶山。

采摘时间：在每年的春分时节进行采摘，选择叶肉鲜嫩、色泽鲜亮的叶片。

制作工艺：包括采摘、摊凉、杀青、揉捻、炒青、做形、初烘、复烘等多道工序。

香茗品质：外形卷曲紧实，色泽油润，香气持久，汤黄微碧，清澈明亮，滋味醇甘。

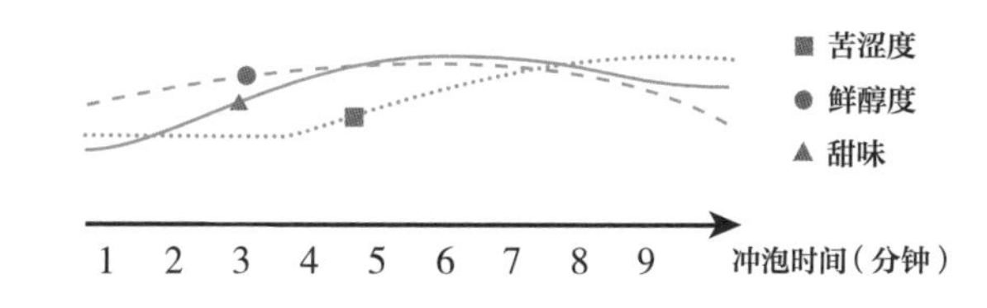

蒙顶黄芽

采收地点：四川省雅安市蒙顶山。

采摘时间：在每年的春分时节进行采摘。

制作工艺：经过杀青、初包、复炒、复包、三炒、摊凉、四炒、烘焙等八道工序。

香茗品质：外形扁平挺直，线条匀整，色泽鲜嫩泛黄，金毫显露，汤色黄中透碧，甜香鲜嫩，甘醇鲜爽。

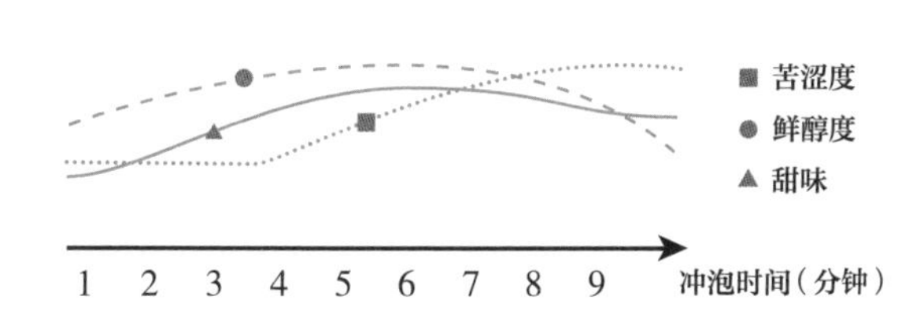

蒙顶山名茶冲泡指南

蒙顶山茶芽叶细嫩，冲泡时水温不宜过高，温度在85~90℃最佳。冲泡器皿可以用玻璃杯、玻璃壶或盖碗等

蒙顶甘露冲泡演示

1	2	3	4
5	6	7	8

1/ 备器：准备一个玻璃杯，同时择水（选择水的来源）备用。

2/ 赏茶：取适量干茶置于茶荷，欣赏干茶。

3/ 注水：向玻璃杯中注入适量沸水（温度可在100℃）。

4/ 温杯：利用手腕力量左右摇荡杯身，使其内壁充分预热。

5/ 弃水：将温杯的水直接弃入水盂或能储水的茶盘中。

6/ 投茶：用茶匙将茶荷中的干茶拨入玻璃杯中。

7/ 注水：注85~90℃的水入玻璃杯中，让茶叶在水中沉浮。

8/ 品饮：注水后，两三分钟后即可品饮。

Chapter 13

客来茶当酒 云南名茶香

云南省是“茶叶的故乡”，茶叶是云南省久负盛名的特产。普洱、滇红等都是人们熟知的名茶。

云南大观园

云南省的产茶历史悠久，距今已有1700多年的种茶历史

云南省位于中国西南边陲，是中国产茶的一块宝地，也是世界上茶树的原产地，更是普洱茶的故乡。

普洱茶作为中国历史上的名茶有着十分悠久的历史。在商周时期，云南地区的少数民族先祖就已经开始制茶，在周朝时期有将茶叶进贡给周武王的记载；到了三国时期，诸葛亮征讨孟获时，遇到水土不服的士兵，也有让其饮用普洱茶的记载。

到了唐代，随着茶马古道的发展，普洱茶走入内陆以及国外，促进了汉族和少数民族茶文化的发展；宋代，茶马贸易不断扩大；明代后期，普洱地区所产的茶正式被命名为普洱茶。在清代赵学敏的《本草纲目拾遗》中曾记载：“普洱府出茶，产攸乐、革登、倚邦、莽枝、蛮砖、曼撒六茶山”，普洱市是云南的茶叶集散地，云南所产的茶叶都集散于普洱市，然后远销各地；民国后，由于战争，普洱茶产量急剧下降，后才又回升。普洱茶是以地名作为茶名的专用名词，一直沿用至今。

云南红茶的历史相对较短。在1937年，云南省凤庆县的凤山被认为适合种植茶树，开始试制红茶。通过不懈努力，在1939年第一批红茶试制成功，用竹编支撑的茶笼运到中国香港，再改用木箱铝罐包装后，正式投放市场。因为云南简称“滇”，所以云南红茶被定名为“滇红”。投放市场后，滇红产业飞速发展，成为中国茶叶生产上的一颗璀璨明珠。

云南的产茶条件

云南省位于中国西南部，是茶叶生长的一块宝地，这里山峦起伏，溪林纵横。全省茶区海拔在1200～2000米，年平均气温在12～23℃，年降雨量在1000～1900毫米，雨量非常充沛，当地的土壤多为红壤、黄壤和砖红壤，微酸性的土壤为茶树提供了适宜的生长环境。

云南省有着丰富的茶树品种资源和茶树优良品种，野生茶树有的已经有2000多年的历史。迄今为止，勐海县仍生长有800多年的栽培型古茶树群，它们是茶树原产地云南省的活化石。

美丽的云南省

丽江古城

穿越古今赏香茗

丽江古城，又叫大研镇，位于我国云南省境内，这是一座拥有800多年历史的古城建筑，幽深宁静的自然环境，巧夺天工的建筑结构，都是它的特色。“家家临溪，户户垂柳”和“丽郡从来喜植树，山城无处不养花”的诗句中所形容的，就是丽江古城的景象。

丽江游客众多，也有很多茶叶店，可以边游玩边选茶。

香格里拉

一杯浓香的酥油茶

香格里拉，藏语意为“心中的日月”，位于我国云南省西北部的滇、川、藏“大三角”区域，这是一片世间少有的完美保留自然生态和民族传统文化的净土，素有“高山大花园”“动植物王国”的美称。

来到这里一定要去藏民家，喝上一杯浓浓的酥油茶，才不虚此行。

苍山

登高望顶赏水

云南省大理市境内，有苍山与洱海，山刚水柔相映成趣。苍山又名点苍山，位于云岭山脉之南。它北起大理白族自治州洱源县，南到下关天生桥，期间有：云弄、沧浪、五台、莲花、白云、鹤云、三阳、兰峰、雪人、应乐、小岑、中和、龙泉、玉局、马龙、圣应、佛顶、马耳、斜阳十九座山峰，由北而南排开。除了十九座山峰，这里还有蝴蝶泉，泉水似苍山在不断呓语，流经苍山，归入洱海。这里的泉水水质卓越，如果可以的话，你也可以讨来泡茶。

养生茶饮

普洱陈皮饮

材　　料：陈皮3克，普洱茶8克。

做　　法：将材料置于杯中，沸水冲泡，闷10分钟即可。

养生功效：理气止咳，暖胃消食。

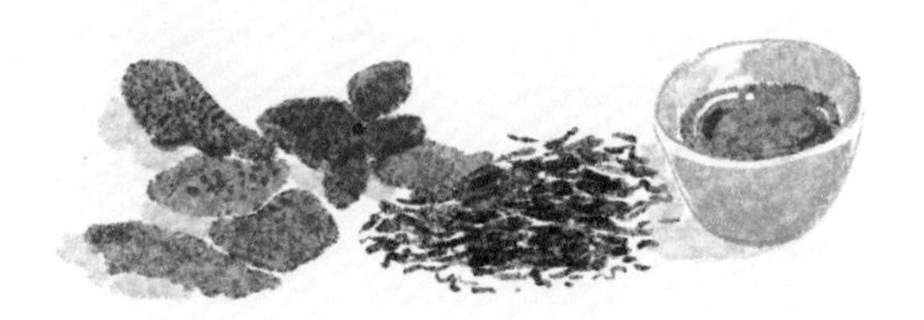

洱海

体验白族三道茶

洱海，位于我国云南省大理白族自治州的西北方向，为云南省第二大淡水湖，是大理“风花雪月”四景之一“洱海月”之所在。因其形状像一只耳朵而取名为“洱海”。

到了洱海可以品尝白族的三道茶，“苦、甜、回味”，不仅蕴含了茶道精神，也揭示了人生哲理。

云南古茶树

云南古茶树

树龄在300年以上的乔木型大叶茶树被称为古茶树，多生长在云南省人迹罕至的深山老林中，由于数量稀少，且茶叶内含物丰富而显得珍贵异常。

现今的古茶树仅生长在勐腊县以易武山为首的“古六大茶山”中和勐海县“新六大茶山”的古树群落中。古茶树所产茶叶必须是纯料茶，如在压制茶饼的过程加入非古茶树原料，则不再是古树茶[1]，而是拼配茶。

云南古茶树的大叶片

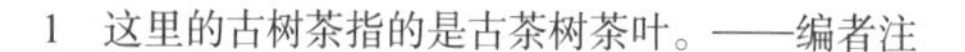

1　这里的古树茶指的是古茶树茶叶。——编者注

古茶树的特点：一是茶根深，不需要人工浇水或施肥，茶树所需养分均靠树木本身汲取，因此古茶树所含的矿物质要比一般茶园的茶树高，属于环保型茶叶；二是古茶树本身已经适应生长环境，能够抵抗各种病虫害，所以古茶树并不需要喷洒农药，相对而言，无污染、更健康，制作的茶叶更加耐泡、香气更加浓郁、滋味更加醇厚；三是古茶树因为稀有，且采摘较难，故而茶叶价格较高。

古树茶冲泡的茶汤

古树茶鉴别方法

古树茶在香气上深沉而厚重，口感上更加丰富，其中涩味是判断茶叶是否为古树茶的一个方法，古树茶苦涩味在口中化得极快，几乎让人感觉不到苦涩，而回甘会占据整个口腔。鉴别还可以从叶底入手，古树茶的叶底叶片舒展，肥大且弹性好（将叶底全部握在手中，即刻放开，叶片会很快自动舒展）。

最后的茶马古道

茶马古道起源于唐宋时期的“茶马互市”，因为边疆地区属于高寒之地，主食多以糍粑、奶、酥油、牛羊肉为主，这些食物热量高，但缺少蔬菜调和，而茶能够促进消化，于是造就了当地人饮茶的习惯。而在中原地区，因为军队征战需要大量的马匹，刚好边疆地区草原辽阔、马匹资源丰富，所以有了互补契机，“茶马互市”就应运而生了。

随着茶叶、马匹的不断来往，形成了一条延续至今的“茶马古道”。茶马古道分川藏、滇藏两条路线，连接川、滇、藏三个地方，并延伸到不丹、尼泊尔和印度，直至西亚红海。

茶马古道是以马为主要交通工具的贸易通道，是中国西南民族经济文化交流的走廊，也是世界上自然风光最壮观、文化底蕴最神秘的旅游之路，还是开发不尽的文化遗产。

云南六大茶区

云南茶区主要分布在滇南和滇西南一带，古往今来产量较多的主要分为：西双版纳茶区、普洱茶区、临沧茶区、德宏茶区、保山茶区和大理茶区。

西双版纳位于云南的南端，北接普洱市、西南连缅甸、东南接老挝。境内有著名的澜沧江，著名的古六大茶山和新六大茶山均在其境内。“古六大茶山”分别是革登古茶山、倚邦古茶山、莽枝古茶山、蛮砖古茶山、攸乐古茶山和易武古茶山，以易武古茶山为首。“新六大茶山”分别是南糯茶山、南峤茶山、勐宋茶山、景迈茶山、布朗茶山和巴达茶山。

普洱市旧称思茅，位于云南省西南地区，东邻越南、老挝，西接缅甸。境内的无量山和哀牢山是云南省的重要气候屏障，主要河流有澜沧江和李仙江，境内各个县区几乎都有茶叶生产，是云南普洱和滇绿（云南绿茶）的主要产地。

临沧市位于云南省西部，西接缅甸，南邻普洱市，北靠保山市。境内有老别山、邦马山等，河流以怒江为主。临沧茶区是云南茶叶产量最大的地区，其中滇红的发源地凤庆县也在此，这里所产的滇红品质优异，是国际上著名的红茶茶区。

德宏位于云南省的西部，东邻保山市，西、北、南均与缅甸接壤。境内有高黎贡山余脉，生产的茶叶主要以滇红、普洱茶、滇绿为主。

保山市位于高黎贡山和怒山的南端，其中怒江和澜沧江在境内穿流而过，辖内有保山、腾冲、施甸、龙陵和昌宁等五个县城，是云南省海拔最高的茶区。主要出产滇红和滇青（云南青茶）。

大理自治州位于临沧市和普洱市的北部，由于海拔较高，大理境内产茶最多的要数最南部的南涧彝族自治县，这里是云南省重要的紧压茶加工地，以边销茶和沱茶出口最为出名。

云南名茶介绍

云南省盛产名茶，其中以黑茶和红茶最盛，普洱茶几乎成为黑茶的代表，而滇红更是中国名茶的代表

云南省是茶叶的故乡，也是中国茶叶原产地的中心。多处发现野生的大茶树，是云南省悠久茶叶发展史的佐证。

云南省地处高原，但纬度较低，气候温暖湿润，适宜茶树的生长。经过云南省各族人民的辛苦培育，云南大叶种茶已经驰名中外，如普洱茶、滇红、七子饼茶、普洱沱茶等得到广大人民的喜爱，其制作的茶叶品质优良。

普洱茶产自云南普洱市、西双版纳等地。普洱茶历史非常悠久，可以追溯到3000多年前武王伐纣时期，当时云南种茶先民就已经献茶给周武王。但直到明末，才有现如今“普洱茶”

普洱散茶适合内销

的名称。云南普洱茶是云南省独有大叶种茶树所产的茶，其饮用方法丰富，冲泡技巧也十分讲究。

滇红产自云南省凤庆县、双江县等地。滇红是大叶种型的工夫茶，已有70多年的历史。滇红主要销往俄罗斯、波兰等东欧国家，以其香高味浓的品质著称于世，是中国工夫茶的代表之一。

清雍正年间，云贵总督鄂尔泰在滇设茶叶局，统管云南省茶叶贸易。鄂尔泰勒令云南省各茶山茶园顶级普洱茶由国家统一收购，并挑选一流制茶师手工将其精制成饼，七饼一筐，谓之“七子饼茶”。

关于沱茶名称的由来，传闻很多，有人说因其成品形状如团，团由沱转化而来，故得名“沱”；也有人说过去云南沱茶主要销往四川沱江一带而得名“沱茶”。

金瓜贡茶是现存的陈年普洱茶中的绝品，有“普洱茶太上皇”之称。金瓜贡茶的真品仅有两沱，分别保存于杭州中国农业科学院茶叶研究所与北京故宫博物院。

质量上乘的滇红干茶

普洱茶

采收地点： 主要产于云南省勐海、勐腊、普洱、耿马、沧源、双江、临沧、元江、景东、大理、屏边、河口、马关、麻栗坡、西畴、广南、西双版纳等地。

采摘时间： 适合在惊蛰开始采摘，早春茶大规模开始采摘一般在春分时节开始，在清明过后10天左右结束。春茶一般在早春茶结束后开始采摘，在小满前一天结束。每年的2月下旬至11月都是普洱茶树的采摘时期，不过多在春季进行，夏秋季节较春季少之。

采摘标准： 春茶一般多采摘一芽一叶，芽心细而白；夏秋茶多采摘一芽一叶初展。

制作工艺： 经过鲜叶采摘、杀青、揉捻、晒干制成晒青毛茶。晒青毛茶再经人工快速后熟发酵、洒水渥堆工序，制成普洱茶。

香茗品质： 外形条索肥壮重实、色泽红褐，呈猪肝色或灰白色，汤色浓红明亮，有独特的陈香，滋味醇厚回甘，叶底厚实，红褐色。

小提示

散装的普洱茶可以放在没有异味的陶瓷罐和紫砂罐中储存，因为这两种器皿的透气性比较好，比较适合存放普洱茶。将茶叶装好后，密封好盖子，将其放置于阴凉无阳光直射的地方，避免受潮，室内要保持干燥。

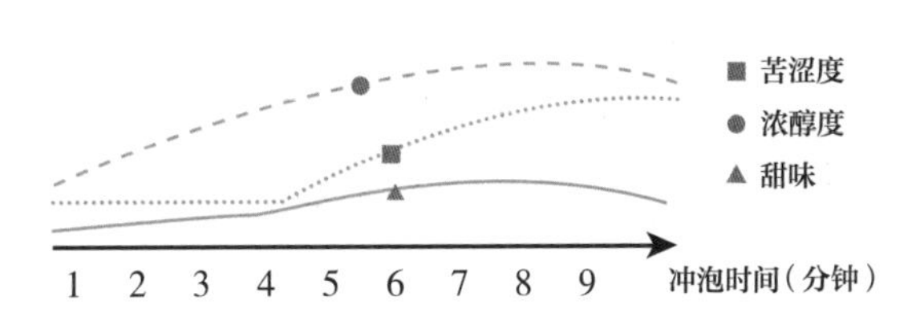

普洱茶的紧压度对茶叶滋味品质的影响

普洱茶主要有散茶和紧压茶之分，而紧压茶根据形状又有饼茶、沱茶、方茶和砖茶几种，那么不同紧压程度会对普洱茶的品质产生什么影响呢？我们从以下几点进行分析。

普洱茶原料

普洱茶采摘自云南省大叶种茶树，大叶种茶树又分为乔木大叶种和灌木大叶种，乔木大叶种树高3～10米，树龄普遍几百年以上，也就是现在所说的古茶树；灌木树在1米左右，树龄小，多长在海拔1000米以下。

大家一般认为饼状的普洱茶是最好的。其实不然，在过去的普洱茶制作中，一、二级的原料是做散茶，三、四级是做沱茶，七、八级是做饼茶，九、十级是做砖茶。但现在普洱茶的形状与其原料等级的相关度已经不像以前了，散茶、饼茶、沱茶、砖茶等其原料都是有区别的，每种茶原料都有好坏之分。

普洱茶后期存放转化

普洱茶在后期的存放过程中会发生微生物转化作用，促成这些转化作用的因素主要有水分、温度、氧气和光照。

普洱茶茶青

小提示

普洱茶最初做成紧压形状时，是为了解决交通不便带来的运输困难，所以普洱茶多做成饼状，历史上一饼重357克，七饼一挑，既方便计算又便于运输。

普洱茶通过茶马古道运输到西藏等地，久而久之就形成了砖茶、饼茶、沱茶、方茶等形状。

促成微生物发生转化作用的因素，在普洱茶做成紧压状时，其作用会变小，水分吸收和蒸发不明显，因此普洱茶中的香气不易挥发，能更好地保存下来。

其次是温度，因为普洱茶做成紧压状时，空气温度对于茶的内部影响是很小的，所以微生物能存活下来，对于普洱茶的转化作用更有益。

普洱紧压茶对空气中氧气和光接触面积相对来说是很小的，茶叶中的茶多酚和叶绿素等的氧化作用变缓，茶叶品质能更好地得以保存。

普洱散茶比较占地方，在运输过程中，生茶中的原有香气容易挥发，而紧压茶则能保存更长时间。从普洱茶追求越陈越香的品质来看，普洱散茶品质的转化速度要快于紧压茶，能在较短的时间内达到需要的品质效果，但时间再加长则色、香、味不易保存。所以从普洱茶的后期存放来看，普洱紧压茶比普洱散茶更能保证品质。

小提示

普洱茶的好坏不能单从其后期转化角度看，还是结合茶叶本身的品质，在保证优质的原料的前提下，再以精湛的工艺制作，才能转化出品质优异的普洱茶。

生普与熟普

普洱茶有生茶和熟茶之分，生茶和熟茶又分别称青饼、熟饼。20世纪70年代以前的老茶基本以生普为主，是未经过发酵工序的，所以也可以说生普是绿茶。经过渥堆技术后，加速了茶叶的陈化，发酵时间缩短，称为熟茶。

普洱生茶

普洱生茶属于绿茶，其制作过程为鲜叶采摘、杀青、揉捻、晒干，即为生散茶，或叫晒青毛茶。把晒青毛茶高温蒸，放入固定模具定型，晒干后制成紧压茶品，也就成了生饼，或各类型的砖、沱。

普洱生茶饼以青绿色、墨绿色为主，部分转为黄红色，汤色以黄绿色、青绿色为主，口感强烈，较刺激，性寒。

普洱熟茶

普洱熟茶为黑茶，其制作过程为先通过鲜叶采摘、杀青、揉捻、晒干制成生散茶或晒青毛茶；晒青毛茶再经人工快速后熟发酵、洒水渥堆工序，就形成熟散茶。

普洱熟茶为黑色或红褐色，发酵度轻者汤色多为深红色，发酵度重者以黑色为主，滋味浓厚水甜，几乎不苦涩，耐冲泡。

普洱茶的鉴赏技巧

普洱茶的鉴赏技巧可以归结为四大要诀和“六不”要领。掌握了这些，就能轻松鉴别出好茶，选购到满意的普洱茶。

四大要诀

清：闻其味，味要清，霉味要不得。

纯：辨其色，色如枣，黑如漆要不得。

正：存其位，放干仓，潮湿要不得。

气：品其汤，回味温和，味杂陈要不得。

“六不”要领

不以错误年代为标杆，

不以伪造包装为依据，

不以深浅汤色为借口，

不以添加味道为假象，

不以霉气仓别为号召，

不以树龄叶种为考量。

滇红

采收地点： 云南省的临沧市、保山市等地。

采摘时间： 滇红因采摘时间的不同，品质也会受到影响。采摘时间在3月中旬至11月中旬，可分为春茶、夏茶和秋茶，以春茶居多，夏茶次之，秋茶最少。

采摘标准： 一般以一芽一叶为主。

制作工艺： 茶树鲜叶初制（经过萎凋、揉捻、发酵和干燥制成滇红毛茶），然后精制（精制工序分本身、长身、圆身、轻身），经筛分、拼合而成商品滇红。

香茗品质： 外形条索紧结，肥壮重实，毫多而匀整，色泽乌润、略带红褐，汤色红艳明亮、带有金圈，香气高鲜，滋味浓厚，刺激性强，叶底肥厚、红艳明亮。

小提示

滇红分为特级、一级、二级、三级等级别。

特级：外形条索紧结，肥壮重实，色泽乌润，金毫特显，汤色艳亮，香气鲜郁高长，滋味浓厚鲜爽，富有刺激性。

一级：外形条索紧结，肥壮重实，色泽乌润，金毫特显，汤色艳亮，香气长，滋味浓厚鲜爽，刺激性较强。

二级：外形条索紧结，肥壮重实，色泽乌润，有金毫，香气长，滋味浓厚，刺激性稍弱。

三级：金毫少显，汤色明亮，香气较长，滋味浓厚，有刺激性。

■ 浓醇度
● 鲜爽度
▲ 甜味

1 2 3 4 5 6 7 8 9 冲泡时间（分钟）

金瓜贡茶

采收地点：云南省普洱市景迈山茶区。

采摘时间：以春、夏、秋茶为主。

采摘标准：以一芽二叶为主。

制作工艺：鲜叶采摘后经过杀青、发酵渥堆、紧压等工序。

香茗品质：外形似南瓜，色泽金黄，香气纯正浓郁，汤色金黄润亮，滋味醇厚，有回甘，叶底软亮。

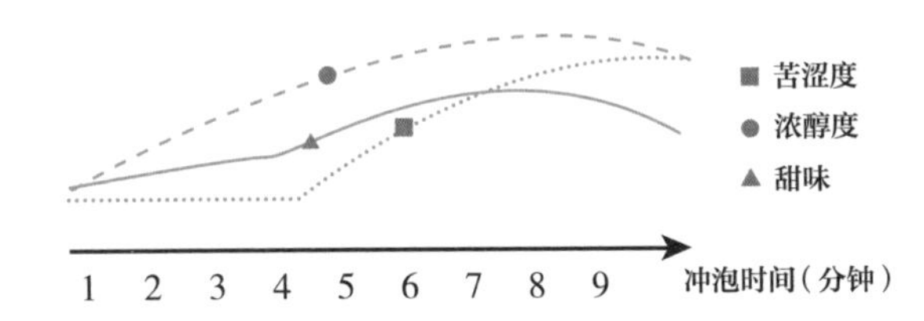

普洱沱茶

采收地点：云南省大理南涧彝族自治县。

采摘时间：与普洱茶采摘时间相同。

采摘标准：一芽一叶至一芽二叶初展。

制作工艺：鲜叶采摘后经过杀青、揉捻、渥堆、紧压等工序制成沱茶。

香茗品质：外形呈碗状，紧结端正，色泽乌润有光泽，香气纯正馥郁，汤色橙黄明亮，滋味醇厚甘甜，叶底匀整。

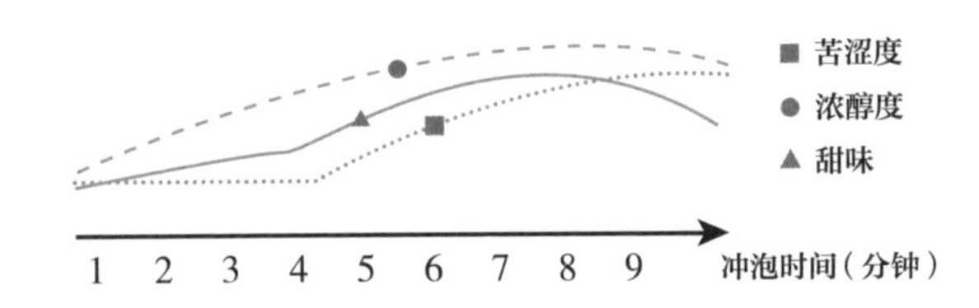

七子饼茶

采收地点： 云南省西双版纳勐海县。

采摘时间： 采摘时间与普洱茶相同，以春茶品质最佳、产量最多，夏茶次之，秋茶品质最差且产量最少。

采摘标准： 采摘一芽二叶至一芽三叶初展，不同的品质要求，采摘的标准也不相同。

制作工艺： 选用普洱六大茶山的晒青毛茶为原料，经筛分、拼配、渥堆、蒸压后精制而成。

香茗品质： 外形紧结端正，色泽红褐乌润，香气高纯，带桂圆香，汤色橙黄明亮，滋味醇爽回甘，叶底匀整。

小提示

七子饼茶又称圆茶，是云南省西双版纳生产的一种传统名茶。七子饼茶属于紧压茶，它是将茶叶加工紧压成外形美观酷似满月的圆饼茶，然后将每七块饼茶包装为一筒，故得名『七子饼茶』。

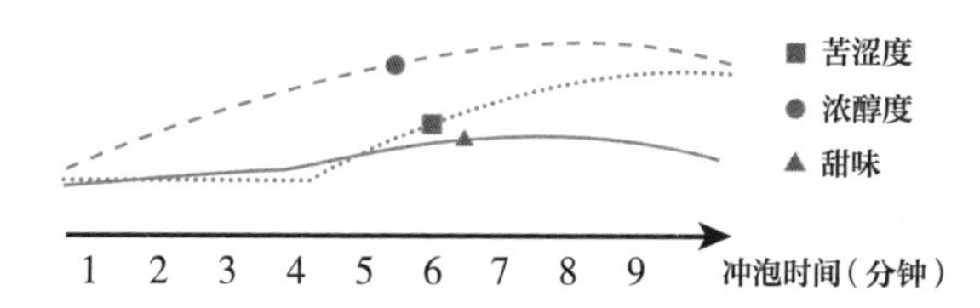

中国
云南

云南名茶冲泡指南

云南名茶以黑茶和红茶为主，适合用紫砂壶或瓷质茶具冲泡，水温以100℃最佳

普洱茶冲泡演示

1	2	3	4
5	6	7	8

1/ 备器：准备好器皿和茶叶。

2/ 赏茶：欣赏普洱茶的外形、色泽。

3/ 注水：向茶壶中注入适量沸水温壶，利用手腕力量摇动壶身，使其内部充分预热。

4/ 温盅：将温壶的水过滤到茶盅中。

5/ 温杯：将温盅的水低斟入品茗杯中温杯。

6/ 弃水：将温杯的水直接弃入水盂中。

7/ 投茶：用茶匙将茶荷内普洱茶拨到茶壶中。

8/ 注水：注入100℃的水温润茶叶。

9 | 10 | 11
12 | 13

9/ 出水：将润茶的水迅速倒进茶盅中。

10/ 注水：再次高冲注100℃的水，至满壶浸泡茶叶。

11/ 养壶：将润茶的水浇淋到紫砂壶上养壶。

12/ 出汤：2～3分钟后即可出汤。

13/ 斟茶、品饮：将茶盅内泡好的茶汤低斟入品茗杯中，邀客品饮。

小提示

冲泡普洱茶的水一般要求在100℃左右，而普洱茶又较为耐泡，所以很多人在泡茶时会反复将水烧开。其实反复烧开的水是不适宜再泡茶的，在水分不断蒸发的过程中，水中盐类的浓度增大，用这样的水泡茶，不仅影响茶的口感，还会对身体造成不良影响。

滇红冲泡演示

1	2	3	4
5	6	7	8

1/ 备器：准备好茶叶和茶具，同时择水（选择水质）备用。

2/ 赏茶：欣赏滇红干茶的色泽和外形。

3/ 温壶：向壶内注入少量沸水进行温壶。

4/ 荡壶：双手拿捏茶壶，利用手腕力量进行温壶。

5/ 弃水：将温壶的水直接弃入水盂中。

6/ 投茶：用茶匙将茶叶拨入壶中。

7/ 温润泡：向壶内注入沸水，进行温润泡。

8/ 温盅：约10秒后将茶水倒入茶盅。

9	10	11
	12	13

9/ 注水： 再次注沸水至满壶，进行冲泡茶叶。

10/ 温杯： 将茶盅内茶汤倒入品茗杯中温杯，温杯用水弃入水盂中。

11/ 出汤： 将壶内茶汤倒入茶盅内。

12/ 分斟： 将茶盅内茶汤倒入品茗杯。

13/ 品饮： 邀客品饮茶汤。

冲泡技巧

第11步中，也可以将温杯弃水直接浇淋到茶宠上，过后可以用养护笔轻轻刷茶宠表面，让茶汤在茶宠上均匀分布。

金骏眉
浓醇度
鲜爽度
甜味
2 3 4 5 6 7 8 9 冲泡时间（分钟）
武夷肉桂
苦涩度
鲜爽度
甜味
1 2 3 4 5 6 7 8 9 冲泡时间（分钟）
闽北水仙
苦涩度
鲜爽度
甜味
1 2 3 4 5 6 7 8 9 冲泡时间（分钟）
白琳工夫
浓醇度
鲜爽度
甜味
2 3 4 5 6 7 8 9 冲泡时间（分钟）
白牡丹
浓醇度
鲜爽度
甜味
1 2 3 4 5 6 7 8 9 冲泡时间（分钟）
白毫银针
浓醇度
鲜爽度
甜味
1 2 3 4 5 6 7 8 9 冲泡时间（分钟）
冻顶乌龙茶
苦涩度
鲜爽度
甜味
2 3 4 5 6 7 8 9 冲泡时间（分钟）
金萱茶
苦涩度
鲜爽度
甜味
1 2 3 4 5 6 7 8 9 冲泡时间（分钟）
东方美人茶
苦涩度
鲜爽度
甜味
1 2 3 4 5 6 7 8 9 冲泡时间（分钟）
安化松针
苦涩度
鲜爽度
甜味
2 3 4 5 6 7 8 9 冲泡时间（分钟）
天尖
苦涩度
浓醇度
甜味
1 2 3 4 5 6 7 8 9 冲泡时间（分钟）
君山银针
苦涩度
鲜醇度
甜味
1 2 3 4 5 6 7 8 9 冲泡时间（分钟）

西湖龙井
苦涩度
鲜爽度
甜味
1 2 3 4 5 6 7 8 9
冲泡时间（分钟）
径山茶
苦涩度
鲜爽度
甜味
1 2 3 4 5 6 7 8 9
冲泡时间（分钟）
1 2 3 4 5 6 7 8 9
祁红香螺
浓醇度
鲜爽度
甜味
1 2 3 4 5 6 7 8 9
冲泡时间（分钟）
黄山金毫
浓醇度
鲜爽度
甜味
1 2 3 4 5 6 7 8 9
冲泡时间（分钟）
1 2 3 4 5 6 7 8 9
霍山黄芽
苦涩度
鲜醇度
甜味
1 2 3 4 5 6 7 8 9
冲泡时间（分钟）
信阳毛尖
苦涩度
鲜爽度
甜味
1 2 3 4 5 6 7 8 9
冲泡时间（分钟）
1 2 3 4 5 6 7 8 9
蒙顶甘露
苦涩度
鲜醇度
甜味
1 2 3 4 5 6 7 8 9
冲泡时间（分钟）
蒙顶黄芽
苦涩度
鲜醇度
甜味
1 2 3 4 5 6 7 8 9
冲泡时间（分钟）
1 2 3 4 5 6 7 8 9